你点的赞，
我都
认真当成了喜欢

飞象纪编辑部
著

天津出版传媒集团

天津人民出版社

图书在版编目（ＣＩＰ）数据

你点的赞，我都认真当成了喜欢 / 飞象纪编辑部著 .
-- 天津：天津人民出版社 , 2018.8
ISBN 978-7-201-13866-4

Ⅰ . ①你… Ⅱ . ①飞… Ⅲ . ①人生哲学—通俗读物
Ⅳ . ① B821-49

中国版本图书馆 CIP 数据核字（2018）第 161789 号

你点的赞，我都认真当成了喜欢

NIDIANDEZAN WODOURENZHENDANGCHENGLEXIHUAN

出　　版	天津人民出版社
出 版 人	黄　沛
地　　址	天津市和平区西康路 35 号康岳大厦
邮政编码	300051
邮购电话	（022）23332469
网　　址	http://www.tjrmcbs.com
电子邮箱	tjrmcbs@126.com

责任编辑　赵　艺
装帧设计　仙境工作室

制版印刷	三河市金元印装有限公司
经　　销	新华书店
开　　本	880×1230 毫米　　1/32
印　　张	9.25
字　　数	220 千字
版次印次	2018 年 8 月第 1 版　2018 年 8 月第 1 次印刷
定　　价	42.00 元

我们总要习惯，没有谁能陪谁走完这一生。

很高兴你能来，也不遗憾你离开。

爱情本就是一件不厌其烦的事，

我们都不是什么特别伟大的人，

但是喜欢你，是我做过最好的事。

我们在很多个深夜痛哭，

然后在第二天早上带着希望再出发。

有一天，你会遇到一个彩虹般绚烂的人，
当你遇到这个人后，会觉得其他人都只是浮云而已。

没有谁的梦想是容易的，

熬过一段艰难的时刻，就会做好自己。

错的人迟早走散，
而对的人终将再重逢。

目　录
CONTENTS

辑一　嘿，请记住我们年轻的模样

辑二　我不介意孤独，但爱你也很舒服

辑三　生活教会你最多的是忍气吞声

辑四　余生漫漫，总有美好值得期待

辑一

嘿，请记住我们
年轻的模样

为了避嫌，我取关了辅导员

（皮柚/文）

01

早上刷微博的时候，发现好友的微博清空了，而她的微博是我最常看的，她精心记录着自己的生活，日子在她那里变得闪闪发光。

突然一切都没有了，我就像失去了一块秘密花园那样难过。

我去问好友原因，得到的答案实在离谱。

好友前段时间发了一些在辅导员家吃饭还有和辅导员一起逛街的照片，而最近班上正在推选入党人员，居然有流言传出，在候选名单里的好友早就被内定，因为她在辅导员家吃过饭，和辅导员关系好。

就像流入下水道的水一样，流言越传越远，越传越臭，好友不得不清空微博，并取关了辅导员。

"是我的错，应该避嫌的。"好友哽咽着说出这句话的时候，我不禁感到心寒。

好友和辅导员之间，白百合一样纯洁又难得的感情，偏偏在这个春天被人泼上脏水，好友每按下一次"删除键"，这个世界上的花儿就少了一朵。

你点的赞，我都认真当成了喜欢

02

最糟糕的地方在于，有些人尚未踏入社会，就已经学会了冲破道德底线大谈"公平"，而真正心存美好的人却要为之道歉。

这个世界好像变得很奇怪，人们痛恨"特权"，又害怕自己错过了"特权"。

且不说，好友和辅导员之间只是难得的亦师亦友的关系，无论从入党条件的哪一条标准来看，好友在班内都是占有绝对优势的，按照正常流程，名额不分给她才是奇怪。

同在一个班，其他人不可能不清楚这一点，只是有的人心存偏见，所以看整个世界都是倾斜的。

03

之前学校有举办演讲比赛，我想到自己认识的一个学妹特别喜欢演讲，便问她有没有想法参加，她说不去。

理由是："学生会搞的东西，都是从他们内部选获奖人的。"

虽然我曾经在学生会待过，知道它并不像学妹口中那样是一个"水很深"的组织，但我也不能睁着眼睛说内部没有"老鼠屎"。

可是，我还是为学妹感到可惜，她那时才上大一，对于她来说，是一个很好的锻炼机会，而她在从未亲自去了解过学生会，也没有了解过那个比赛的情况下，就放弃了"试一试"的机会，扼杀了一切可能性。

后来比赛结束，夺冠的姑娘就是平时和她一起上专业课的，她觉得夺冠的那个小姑娘并不如她，一定是有评委放了水。

虽然她没说，但我感觉得到，当成为第一的是一个自己并不服气的人时，心里会是重重的失落，鲜花和掌声，总是诱人的。

而她不知道，那次比赛，我全程都是评委，夺冠的姑娘确实是参选者里最出色的。

我也愿意相信，学妹或许会表现得更好，但机会是她自己不要的，她不站上去证明她自己，"演讲出色"这个标签就不会贴在她的身上。

而学妹错过的不仅仅是一个获得荣誉的可能，还有整个比赛下来，会积攒到的经验。

作为全校性的大规模比赛，从海选到决赛，是很考验人的，而比赛后期，还会有专门的老师给他们做集训，指导他们改演讲稿，训练普通话和台风等，夺冠的姑娘就她自身来说，从海选到决赛就有一个很大的进步。

"公平"就是这样，你不往秤上站，秤砣就会往另一边偏。

04

当然我也遇到过不公平的事情，也有自己辛辛苦苦做出来的成果被别人拿去换取奖励的经历。但是我永远记得那句话：

"我们一路奋战，不是为了改变世界，而是不让世界改变我们。"

假若那个学妹去参加了演讲比赛，假若她真的被黑幕，我也相信，如果她的实力足够，一定会有人记得她也是一个演讲很棒的姑娘。

她还会知道站在台上的自己到底好不好，怎样才会更好。她总会留下属于自己的精彩的。

大学本就是一个找准自我定位和提升自我实力最好的时期，我们可以不斤斤计较那一纸奖状，但一定要让自己去多尝试，只有潜过水，才知道水深

你点的赞，我都认真当成了喜欢

不深，怎样才能游得更远。

05

大家走的路都不是一帆风顺的，只是有的人选择步步为营，逆流而上，而有的人选择隔岸观望，故步自封；有的人选择让自己更加强大，去夺回话语权，有的人选择放下话筒。

这个世界确实有很多不合理的地方，但是我们不应为此丧失掉自我。

那些紧盯着这个世界阴暗面的人，自己也变得自私，冷漠，不思进取，最终变成了自己讨厌的人。

不要因为听说世界是黑暗的，就蒙上自己光亮的眼睛，不要因为见过黑暗，就放弃寻找光明。

为什么大三的都不谈恋爱了

（野火／文）

01

如果说大学里最让我难以释怀的事情，大概就是我在不同时间遇见的还都不错的两朵桃花，最后都以各种理由拒绝了我。

懵懂莽撞的大一新生总是很容易被学长圈粉。彼时他已经大三，学政治，读文学，说话温柔有条理，我一头栽进他的深海，而他从没想过做那个让我依靠的岛屿。他说："你应该找个和你同校区的大一小男生，好好谈一场真正的恋爱，甜腻腻的陪伴，午后落日手牵手散步，这些我都给不了你。"

所有爱情都抵不过时间和距离，我们之间的阻碍太多了，而我，也不想耽误你。

于是我小鹿乱撞的心被紧急叫停了。

令我费解的是，既然没有做好在一起的准备，为什么可以轻易说喜欢，为什么可以满嘴都讲着撩拨人心的情话。

02

冗长无聊的大二时光，历史再一次重演。

学长打得一手好篮球，无论是三分还是扣篮都帅得不讲道理，当我准备好做他一辈子的小迷妹时，却又被一把推开了。

这次的理由是，他已经大三了，事情太多，还要准备考研，不想再花时间在谈恋爱上面了。

于是我同样费解，为什么暧昧的时候都开心，一说到在一起这件事，他就怂得一退八千里。于是我吐槽那只高度近视的丘比特，为什么我遇到的都是大三的学长，为什么大三的就不能谈恋爱？当时的想法很简单，反正现在的感情都暧昧，可是我真的很努力想找一个般配。

问题思考久了自然心里明白，大三的确是大学最忙碌也最迷茫的时间点。大学三年级，不像大一刚进学校，开始毫无顾忌地放纵，也不像大二，虽然有焦虑依旧肆意生活。大三是一个要开始考虑未来的时间段，选择考研还是出国，或者毕业就工作，无论做出怎样的选择，你都该开始为之努力了。

对，这些我都知道，用这些理由拒绝一个人好像也非常合理。但我的心里，却仿佛始终没有找到真正的答案，一颗心也落不到实地。

03

直到前几天在微信看到一个大三学姐发的朋友圈，配字是"就是脱单了"，配图是两个人牵着手的照片。

我是知道学姐准备考研的，而且这学期开始她就经常跑图书馆，却在这样的时候开始了一段恋爱。

所以我最后还是没能忍住去问了她："学姐，你要考研应该很忙啊。为什么会在这时候谈恋爱呢，不会耽误你学习吗？"

"谈恋爱哪有那么多为什么，喜欢就在一起了啊。其实我也想过谈恋爱会不会影响我的状态，但是我想，遇到一个相互喜欢的人是多么难得啊。而且谁说谈恋爱只会有负面影响呢？现在和他在一起，我每天都能很开心。最重要的是，我不想因为未知的困难放弃一个我喜欢的人。"

我的心忽然被重击了一下。如果真的喜欢一个人，怎么会因为一些还未曾出现的困难就轻易放弃呢？

04

有人说："我真的喜欢你，只是我觉得我给不了你想要的。其实潜台词就是，我没那么喜欢你。"

有人说："我真的喜欢你，只是我现在不想谈恋爱。其实潜台词也是，我没那么喜欢你。"

后来我终于想明白了这个问题，为什么大三的都不谈恋爱？其实不是他真的很忙不谈恋爱，怕耽误你的意思也只是不想和你谈恋爱。

这个世界上，唯有咳嗽与爱，是最藏不住的事情。如果真的爱了，所有无关痛痒的废话和无病呻吟的矫情都会被爱情打败。如果真正喜欢一个人，即使你站在远方，我也会披荆斩棘去找你；而不是，我想去找你，可是去找你的路上布满荆棘，所以我打算放弃了。

所有因为各种各样的理由放弃你的人，大概都只是因为不够喜欢。

05

我想说，如果你遇到一个暧昧许久却不肯牵手给你一个拥抱的人，那不如还是早点儿放手吧，爱你的人恨不得赶紧把你关在自己的心里，而暧昧，只关风月，无关爱情。

我承认暧昧期最轻松愉悦，但如果你眼前这个人只愿意享受暧昧的快乐，而不愿意承担在一起的责任。那么你的真心在对方眼里就像食堂那碗免费的蛋花汤，一顿不喝也不会怎么样。

他不愿承担这个责任，因为一旦承担这个责任，他就注定会失去一些东西。他怕失去什么呢？

大概是怕失去自己单身的标签，连带着失去众多奔涌而来的比你更好看的桃花。大概也怕你影响他的生活，怕要花费自己的很多时间来陪你。可能也怕需要照顾你突如其来的坏情绪，怕你的赌气与吃醋。

而暧昧是不需要承担什么的，他可以在无聊的时候找你，忙碌的时候放下你，你没有资格去责怪他。

也许他确实喜欢你，但这些问题最后没有战胜他对你微薄的喜欢。

06

后来我也问了一些身边的男孩子。说真的，一个真正喜欢你的人，早就迫不及待和你在一起向全世界宣告对你的主权了，哪会畏畏缩缩还要等你说出口。

我身边有很多对情侣，男孩和女孩的课程都比较多，一个人准备考研而另外一个每天被雅思考试弄得头大，可他们还是每天陪对方吃顿晚饭，回宿舍的路上聊聊白天发生的趣事。

也会周末约着去图书馆，谁不认真读书了就罚请一顿大餐，谈恋爱并没有成为谁的负担，而是那些忙碌生活中不可否认的小确幸。

因为爱你，所以愿意陪你经历孤独，也因为爱你，在那些漫长岁月里，愿意和你一样成为更好的自己。

我爸对我说，你教我玩王者荣耀吧

（孤鲸／文）

01

有天我爸突然对我说："你教我玩王者荣耀吧。"我不知道他说这句话的时候是什么样的心情，但我好像看到了手机屏幕以外的他对我晦涩的疼爱。

我从小和我爸见面时间并不多，他的工作也算半个技术活，每天起早贪黑，朝九晚五，为的只是年末拿回家的两万块奖金，然后一家人过个好年。

可能人就是这样，在外面如何伶牙俐齿，在最亲的人面前往往沉默寡言。放假回家不是在客厅玩手机就是在卧室玩电脑的我，听到父亲的要求，突然就红了眼眶。

那好像是一种比借别人钱更直接的愧疚，因为钱迟早可以还上，而欠家人的陪伴却始终无从弥补。

02

故事很长，也很简单。

我爸 24 岁有了我，那时候的他也是个孩子。

小学的时候，我爸上班前总会用自行车载着我，去学校附近的老店里喝一碗羊杂汤，那时候我们每天都拉钩约定着什么，岁月很慢，羊杂汤也才两块钱一碗。

好像青春期的所有叛逆、任性都是从中学开始萌芽，这时候女儿不再是父亲的小棉袄，变成了岁月里最无情的那把刻刀。

我记得我们常常吵架，可能只是吃饭晚了几分钟，又或者我穿的那件衣服他看了不顺眼，明明只是小事一桩，可爱的细节总是被无限放大，变成敏感和闪躲。

我妈说我沉默寡言的性格像极了我爸，去昆明的火车三天两夜，他送我去两千七百千米的远方上大学，他说儿女长大了总要离开家，没有什么离别前的叮咛嘱咐，他只把一切都安排妥当，然后我们在学校的人工湖前照了一张合照。

人们总说只有爸爸和女儿才是世界上最坚固的情人，只有他喜欢你素颜不化妆，喜欢你长发扎马尾，他教育你不要乱花钱然后递上银行卡，他从来没说过我爱你却又比谁都爱你，他在电话里听见你哭泣的时候，会沉默然后说"回来吧，爸养你"，这句话只有他是最认真的。

好像每个爸爸都不太会表达，甚至不会多说几句话，但他的每次隐忍坚毅都成了我们坚强的理由。

03

中国版的《深夜食堂》里面有一集叫《马克的女儿》，被人贩子从医院偷走的汪靖真遇到了聋哑的马克，变成了可爱的乐乐。她也给原本沉默闭塞的马克带来了最真实的欢乐。

马克把一生中最柔软的心肠都给了乐乐，或许一个男孩到男人的转变，就在女儿到来的那一瞬间。沉默的马克不会表达，却在失去女儿之后拼命发音认字，急切地向所有人证明他有照顾乐乐的能力，却为了女儿能有更好的生活默默退出。

结尾我看哭了，马克与乐乐挥手告别，然后拒绝所有人的安慰崩溃痛哭，聋哑让他无法说出"乐乐我爱你"，可我知道他比谁都爱他的女儿。

筷子兄弟《父亲》的 MV 里有一幕，婚礼上年迈的父亲牵着女儿走向红毯尽头的新郎。那是一个长镜头，父亲的每一步都走得无比沉重。

我看过很多场婚礼，每当父亲牵起女儿的手，就有人热泪盈眶。20 岁的我常觉得老爸迂腐，都上大学了还明令禁止谈恋爱，直到后来我才明白，他只是舍不得我在别人那里受一丁点儿的委屈。

所谓父女母子一场，就是不断地看着他的背影渐行渐远。

04

寒假回家的时候，母亲和我说："你怎么老不发朋友圈啊，你爸看见你一条消息都兴奋得不得了，反复看好几天。"

我突然就想起来父亲给我发的每一条微信，还有那些因为游戏被我忽略掉的语音。离家后的我从没仔细听过他说什么，也从没发现他的微信头像是年轻的他抱着小小的我。

父亲说他只哭过一回，是我一周岁的时候抓阄，我越过所有代表金钱富贵的选项，重重跌进他的怀抱，他说他从没想过，其实自己也是女儿的一个选择。

再孤独的一个老人，也有一个非常丰富的内心。小时候被我扎过辫子的头发渐渐花白，老爸也变得柔软和幼稚，好像渐渐懂得了怎么释放被他包裹太紧的情感，甚至学会了委屈卖萌。

我也不记得从什么时候起，我木讷的老爸开始体贴起来，会因为我不陪他吃饭假装生气，也会吵着让我陪他出去转转。

他的腰不好，可还是会说"过来让爸爸背一下"。

他明明很困，可是会走到我的房间拉拉被角。

我始终没有教他玩"王者荣耀"。

我卸载了游戏。

我想快快长大，而他却慢慢变老。

希望我们都不会再为了离开而实习

（加七/文）

01

最近学院里有一个实习机会，报名的人很多，我负责协助老师整理和分类学生简历。

收到的简历什么样的都有：有满满一页表格绩点保持 5.0 的学神；有从大一就开始实习，什么岗位都做过的社会人；也有半张 A4 纸写好基本信息就来碰运气的……

我没有报名申请这次实习，因为我觉得到大二还只是做过几个月家教的自己并没有那个实力。

因为根本不存在竞争的可能性，所以索性机会也直接放弃了。

可能是因为最近看到了那么多人竞争同一份工作的残酷，我恨不得马上找个实习的工作，急切地想要把简历里的"社会实践"给填满。

也许，这样我就不再是一个没有实习经历的"新人"了。

02

石头是我的好基友，开学见面他就给我看了寒假的实习证明，上面写着

"××教育培训机构"。他总算是有一份实习证明了，也总算是从过去的假期里一个又一个兼职里熬出了头。

他每个假期都会去找份工作，要么是代理，要么是兼职，我从来不问他做的是几级代理，兼的是几份职。

因为我知道，石头需要钱，需要在这个年纪付出基本的劳动可以得到对应的报酬。

这个寒假石头的实习工作是打电话，每天的工作内容如下：

"喂您好，我们这里是××教育培训。"

"请问您的孩子寒假里有什么安排规划吗？"

"我们这里寒假有一个补习班，专门给孩子查漏补缺。"

"玩的同时也要利用好时间，把握这个假期赶超的机会。"

那份实习证明是石头这整个寒假的见证，证明他用40天的寒假换得了一笔还可以的工资和一张有盖章的纸。

03

还有一个人也在寒假好不容易完成了实习经历。

乐乐姐是我同专业的直系学姐，她寒假去了证券公司实习。她说自己已经大三了，在找工作以前一定要有专业对口的实习经历。

这次她终于在老家找到了一家证券公司的实习机会，这其中有亲戚的搭线帮忙。

但我们再碰面的时候，她却不怎么愿意去讲自己的实习经历。

后来她私底下和我说，那个实习其实没什么收获，只是让履历好看一点。

在公司里，没有客户基础的实习生并不能做什么业务。而且，一个假期里她并没有接触什么实务工作，说是公司的实习生，好像更像是导购员一样的存在。

04

如果说石头的实习是在用时间换金钱，那么乐乐姐的实习就是在用时间换简历了。

而他们的共同点就是在实习过程中急切地想要离开，拿着实习证明离开以后，这些实习经历也只停留在了一张薄薄的简历上。

当我们为了离开而去实习的时候，对实习的地方没有情感，同样公司的前辈和同辈也是既不疏远也不亲热的关系。

只是一个名义上的实习生，只是一个匆匆的过客。

实习的生活也因为一心想着离开而变得孤独，因为一个初入社会的大学生很难明白成年人每天在办公室里对着电脑相顾无言，然后下班回家第二天再来上班的重复生活。

我们想着最后总是要离开这个地方，这个集体，所以我们也从不会去融入。就好像石头从来不知道在他旁边的位子打电话的小姐姐长得好不好看，乐乐姐也已经不记得从公司回家的是几路公交车。

05

如果只是为了把实习写在简历上，如果只是为了离开公司的那一天，这样的实习并没有意义。

专业不对口，所以学不到技能；同事不交流，所以最后被遗忘；工作不投入，所以越来越孤独。

那么实习的意义何在呢？

想学技术，网上的课程各种各样；想赚钱，做家教来钱更快；想有关系，可实习之后有多少人还会联系；想有履历，也许你实习的地方你却根本不喜欢。

我所理解的实习并不是为了离开，而是留下。

用人单位在招聘的时候，一定不是要找一个工作几个月收拾走人的实习生。实习生是在实习的过程中不断地学会工作技能，不断地熟悉公司，最后可以留下来共同奋斗的人。

当我们决定实习，就好好地找适合自己并且感兴趣的单位和岗位，而不是随随便便地因为钱，因为实习证明，抱着一颗必然离开的决心去随便地选择实习的地方。

当我们开始实习，就不要只是朝九晚五地做一个小透明。哪怕知道大多数实习生最后会离开，也要认真地对待当前的工作，真正地参与并融入工作的集体，这样的经历和关系资源才是真实的，才能对之后的发展真正有帮助。

当我们离开实习的时候，问自己是不是有收获，想不想留下。

有收获证明这段时间的工作是值得的，想留下就尝试去争取，不要轻易地放弃喜欢的工作和喜欢的同事。

希望我们都不会再为了离开而实习。

下个月我不想靠花呗续命了

（左耶/文）

01

"这个月的生活费还没打过来，就已经花掉一部分了，看来又要靠花呗续命了。" 12 月初，去教室的路上，室友说道。

"我这个月的花呗还没还呢，双十一开的，分了六期还的，双十二过两天又到了……"后头一个女生和她朋友喋喋不休的抱怨传入了我们的耳朵。

我和室友面面相觑，"花呗真是个邪恶的东西。"

"我决定了，等花呗还完，我就立马把它关掉。"虽然室友一本正经地下定决心，我还是半信半疑地笑了笑。

因为买了 luna 的洁面仪和一直心心念念的脱毛仪，室友一下子欠了一千多的花呗债务。

花呗在满足我们日益膨胀的欲望时确实扮演着一个十足重要的预支角色，不过这笔痛痛快快的购物清单最后还是要自己埋单。

02

前不久，网上流行给 90 后的大学生安插各式各样的标签和特征，"熬夜""脱发""油腻""老阿姨"等。我当时脑子里就蹦出一个词："花呗"。

当你碍于这个月资金拮据，有喜欢的东西犹豫不决时，花呗满足了你的愿望；当你每个月月初为了还花呗，过着省吃俭用的日子时，这是花呗干的"漂亮事"；当你每天提心吊胆，一边想着如何提高"借贷额度"，一边数落着花呗的不好时，花呗不知不觉间就占据了你的日常生活。

随着消费欲望日益膨胀，口袋日渐干瘪，最行之有效又毫不费力的方式——花呗借贷成为大学生最青睐的途径，只不过后续还款又给花呗盖上了骂名。

大家好像还没学会挣钱，倒先学会了提前预支和额外消费。我和朋友时常吐槽，刚到手的一张毛爷爷，没两天就从手头溜走了，更别说现在的电子消费了。这种无形的消费方式似乎加速了我们的消费速度和购物欲望，付款埋单时也不会像拿着现金一样有真真切切的"花钱感"和不舍。

03

这一段时间，女大学生裸贷的新闻层出不穷，其实大部分的女生刚开始的时候仅仅借了几百元到几千元不等。

2016年6月，女大学生小王通过"借贷宝"用"裸条"先后向15个"熟人"借款12万元，仅4个月时间，就欠款25万元；2016年11月，合肥一名95后女大学生小于通过校园贷款30万元后，裸照被发在网上，无奈之下，小于父亲只能卖房，"填坑还债"；2016年11月底，从借贷宝上流出来一个10G的压缩包，这10G的"裸条"，涉及多达167名女大学生的个人信息，亲友联系方式以及秘密照片、视频，而这仅仅是冰山一角；2017年4月11日下午2时许，厦门华夏学院的一名大二在校女学生如梦因"裸贷"负债

57 万元，最终不堪重负，无力偿还，选择自杀。

借贷平台还钱这个东西，一旦沾上，想要安然无恙地全身而退，可能性还是很小的。这些女大学生也不傻，只是当巨大的诱惑黑洞摆在面前时，她们过于相信自己能够在物欲横流的旋涡里抽身而退，也不清楚这里面的水到底有多深。

一开始开通花呗的理由很简单，仅仅是因为一支昂贵的口红，一件心仪已久的衣服，一部苹果手机。谁也不会想到，这些女大学生最终因为这些东西沦为借贷平台的奴隶，并把自己接下来的大好时光都押在上面。

物质本身并没有错，有时候所谓的虚荣，是错在追求它的方式。

"滚雪球效应"是一个可怕的原理，一旦它被应用于一些负面事件时，后果将不堪设想。那个一开始裸贷只借了 5000 元的女大学生，到最后打死也不敢相信，自己要承担 26 万元的巨额贷款吧。虽是微薄的利息，可因为日积月累，也能堆积出一个惊心动魄。

看到一句话，还是蛮符合这些在还花呗的路上一去不复返的大学生的，"我拿花呗赌明天，还了一天又一天。"一开始真的没有变相消费，到最后却演变成了一出出悲剧。拆东墙补西墙成为唯一的解决路径，在这片浑水里竭力挣扎着想要上岸，怕是太难了吧。

04

整个社会就像一个巨大的推动器，不断鼓励和刺激着现在的年轻人去消费，各种借贷平台也给了大学生们莫大的底气。

今天看到了京东白条的一则广告，是献给"所有憋尿前行的年轻人"的。

"已经在忍 500 的雾霾，别再让我忍 5 块钱的口罩。

已经在忍合租的公用厕所，别再让我忍马桶上的茶色斑点。

已经在忍一个人的晚饭，别再让我忍一副不成套的劣质餐具。

你可能都已经习惯了，因为忍耐会变成习惯。"

句句戳心，视频的结尾处以众人奔跑，打破无所适从的生活现状，来表达内心的呐喊。

"生活不是忍出来的。最不能忍的，就是把最好的年纪，就这么忍过去。愿所有忍耐前行的年轻人，不再错过自己。"

不得不说，现在文案广告的促销方式越来越人性化了，越来越贴合大家的心声了。不过真正放飞自我，不用忍着心里蠢蠢欲动的消费欲望，来一次肆无忌惮的购物，最后还不是得忍耐着无休止的，看不到尽头的还款吗？若是白条不用还了，这个广告文案做得还是十分令人满意的。

05

人的一大烦恼，现状配不上野心。满足虚荣心和欲望最好的方法就是脚踏实地，自己挣钱自己花。

我有一个朋友L，平时花钱大手大脚，致力于做一个"精致的猪猪女孩"，口红要用最好的，什么纪梵希、迪奥、香奈儿啊，护肤品也丝毫不马虎，可是她从来没有因为超支消费而去开通花呗。她父母每个月给她打固定的生活费，加上她每个星期出去代家教的钱，买点儿奢侈品，花在脸蛋上的钱还是绰绰有余的。

"我能花多少钱，就能挣多少钱。"的确，她有底气说出这句话。我佩服她花钱的能力，同时也佩服她挣钱的能力。

在消费之前，先掂量掂量自己口袋里的重量，有能力花钱，也得有底气还钱。学会合理消费，从来不是一件坏事。不是责令你们不要使用花呗，如果毫无压力并能按时还款，它的确是一种可以考虑的借贷途径。但如果花呗带给你的是无限恶循环的还款生活，我建议你们还是早早关掉它吧。

最后，室友斟酌再三，还是把脱毛仪退了，"感觉轻松了不少"，室友说。

有一家走文艺风的女装淘宝店，推出了一档素人栏目"凡人清单"，有一句话深得我心："听说最暖的衣服，是口袋塞满钱的那种。"

在这个臃肿饱胀的年关里，坚持合理消费，让内心的物欲轻盈一点，让口袋的现金丰盈一点吧。

喂，你鞋带开了

01

今天是 4 月 1 日，愚人节。

好多年前的这一天，我还在上小学，和往常一样放学回家时，一个骑着单车的男生突然停在了我面前，笑着对我说："喂，你鞋带开了。"

我很自然地蹲下去绑，结果低头一看，才发现我那时穿的白布鞋，是根本没有鞋带的。

等我反应过来，他早就扬长而去，我只能看到他骑车的背影，以及因为灌满了风而鼓起来的校服外套。

当时我在想：怎么会有这么莫名其妙的人，明明不认识，还要整蛊我。

于是忍不住嘟囔一句"无聊"。

可是后来，每次回想起那个愚人节，我都挺怀念的。

毕竟，成年人的世界里，可再也没有这么纯粹的"无聊"了。

02

不知道从什么时候开始，我变得对谁都特别客气。

拿东西的时候，宁愿自己多跑两趟，也不愿意麻烦别人；不小心踩到了舍友的鞋子，即使舍友根本不在意，但还是要说好多句"对不起"，心里才没那么内疚。

如果舍友问我，她新买的衣服好不好看，我总会毫不犹豫地说"好看"，即使我心里可能并不这么想。

其实，我也不是故意要说假话，但就是不忍心说出令人失望的话，所以才会把所有的"不好"都讲成"好"。

还有一次，我和男朋友去吃饭，他给我递纸巾的时候，我脱口而出一句"谢谢"。

我自己不觉得有什么问题，他却愣住了，给我递纸巾的手僵在空中好久，才慢慢收了回去。

过了一会儿，他有点儿失望地说："和我也要这么见外吗？"

我这时才明白，"客气"未必是好的，它可以意味着"礼貌"，但也可以意味着"距离"。

英文里有一个说法叫"bubble"，意思是"泡沫"。

每人身上都有一个 bubble，它会把你包围起来。如果你的 bubble 越小，你和别人之间的距离就越近。反过来，如果你的 bubble 越大，你和别人之间的距离就越远。

而我之所以那么客气，那么小心翼翼，就是因为我怕一不小心，就戳破了别人身上的那层泡沫。

后来男朋友很严肃地叮嘱我："记住了，我们之间有三句话不能说。"

第一句是：谢谢。

第二句是：对不起。

第三句是：分手吧。

这个约定，真的让我慢慢走出了"客气"的圈套。

我不再对他说那些客气的话，甚至还会和他开玩笑，对他做一些小小的"整蛊"，比如偷偷藏起他的手机，看他心急在找的样子，使劲憋住不笑。

这时我才懂得，只有戳破那层泡沫，我们才能拥抱彼此。

虽然后来，我们没有遵守第三条约定，还是说了分手。

但我还是很感激他，是他教会我"拥抱"的。

03

今天我们宿舍停电，我就去了朋友的宿舍，和她一起看抖音，刚好刷到一个"教你愚人节如何整蛊男朋友"的视频。

女生偷偷买了一支芥末酱，趁男朋友没有起床，把芥末抹在了他的牙刷上，假装帮他挤好了牙膏。

然后男生起床，睡眼惺忪地走到洗漱台面前，发现女朋友贴心地帮自己挤好了牙膏，很开心地刷起了牙，结果一刷就吐了出来，问他女朋友："换牙膏了吗？这牌子怎么这么辣？"

看到这里，我和身边一起看的朋友都已经笑得趴在了桌上。

等我们缓过来时，我忍不住感叹一句："这种关系真好。"

不只是情侣，每当看见那些整天互损也能玩得很好的朋友，我也会很羡慕。

同时又忍不住自卑起来："我太无趣了，无趣到不会和别人开玩笑。"

这时，朋友也耸耸肩："我呢，就是太懒了，懒得和别人开玩笑。"

她掰着手指算了算，她和男朋友在一起已经两年零三个月，早就过了肯为对方花心思的阶段。

"其实吧，也有想过在愚人节这天，给男朋友一点小惊喜，但是我不会。"

然后她指着那个抖音视频说："因为我连去超市买一支芥末酱都嫌麻烦。"

突然就有点儿明白，为什么现在大家都不喜欢过愚人节。因为长大之后，我们都太忙太累，没有精力弄那些"无聊"的事情了，甚至都不愿意说一句："喂，你鞋带开了。"

04

离开朋友宿舍的时候，我瞥到了桌上摆着她和男朋友的合照。照片里两人亲密地依偎在一起，围着同一条蓝色大围巾。

关于那条围巾我是有印象的。

两年前的冬天特别冷，朋友从 12 月份开始织，一直织到 2 月份，等到情人节那天，才终于把围巾送出去，然后两人合照了这张照片发朋友圈。

我有点儿唏嘘：你说怕麻烦，不愿意去超市买一支芥末酱。可是曾经，你为了他，织了整整三个月的围巾啊。

突然就想起陈奕迅那首《愚人快乐》，里面第二段副歌部分是这样唱的：

我们做着做着

做着做着的梦醒了，

我们爱着爱着

爱着爱着的人走了……

原来我们最大的敌人，不是那层所谓的"泡沫"而是"时间"。

放不开的我，也会遇到让我愿意和他开玩笑的人，可是如果我厌倦了，就再也没有什么能让我打起精神来，为对方花心思了。

所以，如果你在今天被捉弄了，不要太生气。

你可以试图说服我，但别妄想征服我

01

大牙有个舍友叫"下垂眼"，人长得帅气，成绩也好，又善于和老师同学打交道，外加富裕的家庭条件，在大家眼里，"下垂眼"几乎是一个完美的人，但是对于大牙来讲，这个舍友的存在却令他苦不堪言。

其实，大牙并不反感这个舍友，相反一开始还与他相处得很愉快，"下垂眼"幽默健谈，喜欢扎堆，总是人群里最引人注意的那一个，和他待在一起，大牙觉得长脸又长见识。其实他们本可以这样愉悦又顺利地相处下去，但是问题总是在不经意间就出现了。

第一次发现"下垂眼"与自己的三观差异，是在讨论考试的时候。在大牙看来，学习一门课不管结果如何，上课的这个过程是不能忽视的，但"下垂眼"却总是以学分为目的，上课不听，期末复习时却凭借着超强的记忆力拿到远比其他同学要好的成绩，大牙也为此感到心里不平衡过，但最终还是接受了自己在考试方面缺乏技巧的现实。其实如果事情到这里就结束了，大牙是绝不会对这个舍友感到失望的，因为这是自身天赋的问题，无论如何也不该让舍友去背锅。

可有一天吃饭的时候，"下垂眼"的一番言论彻底让大牙失去了交谈欲望。"我的朋友在一个很好的学校，他比我还聪明，而且比我还努力，结果最后还考不过那些整天在玩儿的人，你说聪明人那么多，咱们这样的还怎么活？"而在"下垂眼"说出这句话之前，大牙刚给自己打完气，说只要努力没什么不可以。

大牙把几块肉连着一大勺饭一起塞进了嘴巴，这是无话可说又不想气氛尴尬时唯一解决问题的办法了。

02

当然如果仅仅只是以上这样常规的三观不合反应，大牙是绝不可能对"下垂眼"退避三舍的。可是当打击和泼冷水成为日常，大牙也渐渐没什么耐心了。

大牙报了复习班。

"我跟你说你报这么多班没意思的，你最好退掉。"

大牙在看一本很难的专著。

"这有什么好看的，反正看了也记不住。"

大牙周末去听了讲座。

"听再多讲座到最后还不是只能加那几分综测。"

大牙觉得这些行为的出发点已经不是单纯的提议那么简单，很多时候，他能隐隐约约嗅到这些言语背后隐藏的征服欲的味道。

大牙不得不承认，自己其实是一个不爱得罪别人的老好人，别人说什么，不管是否赞成，都不会提出强烈的反对意见。可偏偏大牙又是一个认死理的人，想要做的事，不管别人泼多少凉水也要坚持去做。所以即使"下垂眼"说了那么多让大牙失落又难过的话，大牙还是咬着牙把自己的目标完成了，这些被完成的目标有的不如人意，有的出乎意料，有的微不足道，他们花样百出，却唯独没有"先天不足""后天夭折"的。

03

可许多时候大牙又在想，这个世界上有那么多"下垂眼"，他们却不一定都会碰到大牙啊，如果他们遇到的是那些没那么执拗却满腹才华的人，也许这个世界就会失去很多个乔布斯，这样想来，难道不是一笔巨大的损失吗？许多时候人们都会把半途而废的原因全都归结到那个中途放弃的人身上，但在大牙看来，很多不客观，不理智的建议和评价，也要为梦想的流产埋单。

不排除有很多人会给予同伴中肯、真诚的意见，但许多时候，来自一些人的评价和建议中，其实带着浓浓的言语征服欲，他们提出意见的角度并没有从当事人出发，在他们的潜意识里，带有一个批判他人的系统，也许他们自己都察觉不到，他们其实低估了其他人达成目标的能力，更有甚者，即使当事人实现了目标，批判系统依然会将他们划归到"运气"或者"无意义"的板块。这种批判系统的形成有多种原因，或是对彼此关系的错误解读，或是性格中的强势，抑或是某种嫉妒和恶性竞争的心态。

这些"下垂眼"们，也许是行业里的前辈，也许是一个集体中最优秀的那一类人，甚至是家长、亲戚、朋友、老师，也正是他们这一重重的身份，震慑人、吓唬人、打压人、伤害人，使人泄气，令人怀疑自己。

04

真正的建议，是不会让获得建议者有不适感的，提建议的人应当比接受建议者更能洞察形势，提出来的建议也是可行的，聪明的提议者永远记得一点，选择权在被提议者手中，所以他不会去替被提议者做决定。而不走心的提议者，他们给出的所谓建议，令人不敢迈开腿，却搞不清楚阻挡自己前进的究竟是有理有据的说服，还是言语压力之下的征服。

对于想要达成目标的人而言，如何接受建议更是一门技术，分辨说服和征服，需要明白对方提出建议的意图，才能保证自己不会做出错误的决定，放弃唾手可得的成功。

大牙还是会坚持自己想要去做的事情，性格里的执拗和不愿被操控，让他永远也不愿意去相信他人随口一提的评价，在这样一个浮躁又快节奏的时代，柔软的固执一点儿未必是件不好的事，从小父母就告诉我们，要善于听取别人的建议，要尊重别人的评价，但是如何去分辨建议和妄议？如何防止被评价折腾到掉价？在我们的成长教育中却往往沦为空白。

阿尔贝·加缪在《局外人》里写过这样一句有趣的话："当我听某个人说话听烦了，想要摆脱他时就装出欣然同意的样子。"倒是可以试试，这种方法也许会很有用。他人企图征服，不妨婉转一些尽快脱身。

你可以试图说服我，我也愿意接受客观的建议；但是请不要妄图征服我，因为我从不惧为理想而较量。

我不愿再为一个人越过山河

（北北/文）

01

"十八同学有点儿傻，"一米七小姐说，"不过有时候还挺会关心人的。"

后来一米七小姐经常会给别人讲起她和十八同学的故事，只是没有一个听故事的人见过十八同学。

一米七小姐和十八同学的第一次见面是在大学开学第一天，一米七小姐出去买生活必需品，在校门口看到艰难拉着行李箱、还背着大包小包的十八同学，他看到一米七小姐像抓住了救命稻草一样热情地叫了一声："学姐！"

一米七小姐帮他把行李拉到了报名处，顺便问了学长哪里可以买到生活必需品，十八同学有点儿尴尬，"我以为是学姐呢。"一米七小姐笑了笑就走开了。

作为第一个认识的新同学，他们就这样一起参加组织面试，偶尔一起吃饭。"要是我们两个都单身，应该在一起的。"一米七小姐想。

一米七小姐会告诉男朋友，自己在学校里交到了朋友，而且比他帅，男朋友在电话那旁笑，傻里傻气地说一米七小姐的眼里只能有他。

一米七小姐加入了学校礼仪队，十八同学用他帅气的容貌成功通过学生会三次面试，加入了学生会新媒体。

十八同学喜欢拍照，并且拍得很好，总是说，他要给一米七小姐拍一组照片，作为他约拍别人的广告。

02

十八同学喜欢上了礼仪队的学姐。

自从十八同学碰到了一米七小姐和礼仪队的学姐一起吃饭时起，他对一米七小姐越来越殷勤。

有时候他还陪一米七小姐上她的选修课，参加一米七小姐报名的活动，说晚安说早安的，只为让一米七小姐打探学姐的喜好，以及给他们制造巧遇。

国庆，一米七小姐的男朋友来了昆明，他们一起去了大理。

十八同学大骂一米七小姐重色轻友，就这么把他抛弃在学校，然后又晒出和学姐一起去丽江的票。

一米七小姐和男朋友住在洱海边的一家民俗客栈里，白天骑车绕着洱海，吃着各种小吃。

一米七小姐说男朋友拍的照片太丑了，再这样下去就要把他踹了，男朋友意料之外地没有理会这个玩笑并陷入了沉思。

所有的分开都是预谋已久的。

那天下了雨，一米七小姐说她想吃冰激凌，男朋友说大冷天吃什么冰激凌，一米七小姐说高中下午时不是经常吃吗，男朋友说"你可不可以不再那么幼稚了"。

一米七小姐怎么也没想到，眼前这个说会一直宠着她，把她当小孩儿的男生不带半点儿开玩笑地说她幼稚。

一米七小姐强装开心说："不吃就不吃了，我们再去其他地方看看，你给我多拍照。"

可男朋友站在那个地方再也不挪动脚步，一米七小姐早就感觉到了，一个人期待拥抱，而另一个人期待的却是解脱。

没有争吵，甚至连过多的话都没有，他们之前说好要一起来大理，但没有说要来大理分手。

03

男朋友走了，和很多次分别一样，轻轻松开一米七小姐的手，大步走去，几步后又回头，说了声再见，就走出那条街了。

那条街的尽头没有大片森林，一米七并没有很难过，只不过是盼望很多，被辜负罢了，没错，仅仅是这样罢了。

一米七小姐坐在街边，不停地眨眼睛，拿出手机翻相册，删掉了所有视频、聊天截图，删掉了所有他的承诺。

每次视频，一米七小姐泪眼汪汪地说好想他时，男朋友，不，前男友就截屏威胁她要把丑照发出去。

"熬过这一段时间，我们就在一起了，我们会结婚，会永远在一起。"

大概所有的异地恋都靠这些脆弱的承诺和长时间的期待来维持吧，可是后来，说过永远会在一起的那些人，都给别人戴上了婚戒。

一米七小姐没有怨恨，只是觉得这一路太累，没有走到尽头实在可惜。

可是又觉得还好现在结束了，如果继续走下去还是没能走到尽头，那该多难过。

我们有时候会问，什么样的城市是陌生的，我想如果一座城市没有你爱的人，那么它再热闹也是陌生的吧。

毕竟，那么多人因为爱着一个人爱上一座城，也因为要忘记一个人逃离一座城。

一米七小姐给十八同学打了电话，电话接通，一米七小姐淡淡地说："我和他分手了，他走了。"

十八同学是一米七小姐分手的第二天到的大理，他给一米七小姐打电话说自己来大理了。

十八同学陪一米七小姐玩了一天，把一米七小姐计划的所有要和男朋友一起去的地方玩了一遍。

回去的路上，一米七小姐说："那些在大理拍的照片不要发给我了，你可以删掉，也可以保存。大理这个地方我再也不会来了。"

十八同学说："我和学姐在一起了。"一米七小姐不知道是因为晕车还是因为自己刚分手而十八同学就脱单，哭得像个孩子，把眼泪鼻涕全蹭在十八同学衣服上。

十八同学拍着一米七小姐的背没有说话。

04

回到学校，生活照常。

从来没有一个人会为人的离开而改变原有的生活轨迹，也没人会因为没有另一个人而放弃生活，只不过是一段记忆的抽离，生活还得继续。

十八同学开始了大学的第一场恋爱，唯一遗憾的是学姐说："我们都准备好要去丽江的，他突然一个人去了大理。"

十八同学说："没事啊，还有机会，你想去的地方我都陪你去。"

一米七小姐坐在两个人旁边看他们秀恩爱，反正蹭饭这种事情付出吃狗粮为代价的话是值得的。

十八同学和学姐在一起不到一个月就分手了，学姐说十八同学不够爱她，十八同学没有否认，也没有挽留。

一米七小姐有点儿失落，以后再也没有饭可以蹭了，一米七小姐有点儿小开心，也许以后一起吃饭的只有他们两个人了。

一段恋情结束，两个人走向不同的路，形成不同的世界。

一段友情，是不关乎任何友情之外的人的，只要你要，只要我有。

他们一起去了很多地方，十八同学带着一米七小姐去丽江，走着他和学姐规划好的情侣路线，他们一起去酒吧，喝百威，听民谣，说那些过去的事。

大四那年，一米七小姐在十八同学的强烈要求下去了大理，那个她说她再也不会去的地方。

"我不想大理对于你都是不开心的事，毕竟我想我对于你应该是开心的事。"十八同学难得认真，"你不是喜欢写故事吗，写一下我呗。"

一米七小姐没有说话一直和他走，他们从开始走到尽头，又从尽头走到最开始的地方。

十八同学拿着从酒吧被强行推销的玫瑰花欲言又止，一米七小姐拿过玫瑰花说："好朋友之间又不是不可以送。"

所有没有说出口的喜欢都不算是真正的喜欢。

一米七小姐这样安慰自己，可是她自己又何尝不是这样，不是不愿意说出口，是怕本来会拥有一辈子的东西突然变"性"，变成马上就会失去的东西。

各奔东西的毕业，各回各家的工作，他们终究还是会变成两个世界的人，既然结局已经注定，那开始又有什么意义。

05

一米七小姐说："毕业那天，他来找我了，那天可真的是开心呢。"

十八同学说："你是要留下还是要回家。"

一米七小姐说："当然是回去了，我的爸爸妈妈可都在那儿呢。"

十八同学说："我也是呢，回家好。回家，我们都要好好的。"

一米七小姐说："如果当时他说他要留下，他希望我留下的话，我一定会留下，可是他没有，可是我也好想问他如果我留下，我也希望他留下的话，他会不会留下，我也没有。"

一米七小姐说："我是害怕失望，我也害怕会给别人失望。"

一米七小姐说："如果说后不后悔，我觉得没有必要去后悔，我始终觉得那时的我们都不够成熟，只是一腔热情罢了。"

一米七小姐说："我会找个喜欢的人谈恋爱，但是爱的人，我要让他过得好。"

有时候爱不一定需要结果，因为彼此都希望对方更好，也许开始的时候，我们会为一个人去翻一座山，去蹚一条河，去拨开一群人站在她的身边。

可是人生毕竟是慢跑，你会累，会精疲力竭，也会从希望慢慢到心如死灰，最好的爱是给对方最好的安排和给自己最大的解脱。

一米七小姐最后说："听说他过得很好，真好，那我也要过得更好。"

这么多年，我依旧没有走路带风

（鱼甜／文）

01

在上大学前，看到这样一篇文章——《大学里，内向的人靠边站》。

虽知道说法过于绝对，理智也提醒着我，性格不会决定人的全部命运，但我还是从那些说内向不好的言论中衍生出了些紧迫感。

因为，我的确是一个比较内向的人。

我的内向不是天生的，确切地说，在转学到南方上学的那个冬天起，我才渐渐变得沉默寡言，内向这个标签放在我身上开始变得恰如其分。

我从北方来到陌生的南方，穿着土气的紫红色棉袄站在讲台上自我介绍，望着班上陌生的面孔，我第一次有了胆怯感。

那时我的北方口音很重，说话总引来大家的笑声，我知道，他们并非恶意。

02

那些女孩身着时尚的衣服，她们会跳舞，会玩电脑游戏，会和班上的男生打闹在一块儿，和老师说话从容淡定，放学有家长来接，而我呢，好像有些格格不入。

一种疏离感在我心中蔓延，我到底只是"住在别人家的孩子"。

我的内向在那个阶段开始无限滋长，到后来，竟深入骨髓，在自我的意义系统里，它占据着一席之地。

与陌生人交谈不敢正视他的眼睛，能少说话绝对不多发一个声音，来到全新的领域不愿意主动了解感受，在大家交谈甚欢的时候，只愿默默注视。

所以这样的我，在成长的时日里，并没有变得越来越优秀。

长时间以来，我都喜欢为自己打造好一处角落，供我安抚自己，供我存放虽然内向却也少不了的虚荣心。

我开始在这里，羡慕那些走路带风的人。

03

我认识 TR 老师，是一次意外的采访，学姐临时有事，把我喊过去帮忙，而他则是我的采访对象；采访过后，他跟我说："我和你其实有些相似，在某些内心的地方。"

33 岁的他说这句话的时候，充斥着一种少年气，说话声音让我想用温婉来形容。

在采访开始的时候，他看出了我的紧张不安，于是递一杯温水给我，让我慢慢说。

原本的采访竟变成了一次谈心，我想这是需要些机缘的，天气、时间、地点、情绪，有一个地方不对，可能都无法促成这次的交谈。

我向他倾诉刚进大学的困惑，那种身上的自卑感和内向情绪也都被他一一看穿，他同我说："我和你一样，从前也是内向的人，而且现在还是。"

"我们不同的地方是，我把它渐渐看作为我身上的优点，而你似乎还未打破你内心对它的恐惧。"

不错，这么久以来，我一直试图挣脱它，却被内心的怯懦打败，最终习惯了逃避，对年轻人来说这是件有些悲哀的事情。

04

TR 老师是成功的，出国读研，见识到了更宽广的世界，那种种经历给予他巨大的力量，让他勇敢向前，打破了内向带来的自卑感，使得内心寻找到了平衡，从此有了觉醒。

突然发现，人生很多事情都是可以有所选择的，培养对事物的反观性，反而会让人变得通透起来；不论是性格还是人际关系又或者是自我的认知，只有跳出当前，才不会被局限起来，才更有机会接近豁然的状态。

这些年，在我自我否定的时候，耳边响起了越来越多坚定的声音，他们都在告诉我："内向不一定是坏事，它还可能是成功的代名词。"

之所以会有这样的声音，是因为据调查显示，爱因斯坦、比尔·盖茨、巴菲特、村上春树等都是内向性格。

如果我们真的把这顶成功的帽子扣在内向性格的人群上，那么，剩下的外向性格人群可能会一涌而出，争执、捍卫、抨击。这些无所谓的言论其实并不会决定什么，但是却会给一部分内向的人带去一丝丝的光亮。

就像很久未被雨水滋润的地区突然来了一场春雨，当地的人们不会抱怨雨水，而会感激，并期待下一次雨水的来临。

他们会和我一样，渐渐把内向当作一件好事去对待。不是刻意改变，也不是在世俗的场合里扮演出外向，而是更好地去成为一个内向者。

05

最近有幸参加了一堂大学生梦想公开课，当年从学校毕业的学长学姐，如今带着各自的光环来到母校。站在舞台上的他们，用心地把每一句话讲给我们听。

"内向不是我的缺点，而是我的特点。"

对这句话记忆尤为深刻，当初羞涩的小女生，如今成长为了一名气质女主播，有着自己的专题节目，有着自己的一批听众；她向我们坦言，一路走来，着实不易。

她享受那种被镁光灯照射的感觉，却偏偏生了副羞怯的皮囊，上台说话会结巴，脸蛋会变红，更让她沮丧的是，主持人大赛，她从没有进入过复赛。

现场有人提问："学姐，那你是怎么变成了现在外向的你呢？"

"我还是那个我，性格这种东西是很难轻易克服的，只不过为了我喜欢的东西，我学会了去做一个有职业素养的我，把内向这种东西换一种方式呈现，比如专注。"

恍惚间突然发现，内向可以是一种成功的选择，我们和别人没什么不同，我们或许能比别人活得更热烈。

06

不善于社交，并不代表我们不健谈，我们会更懂得选择自己的社交群，不浮于表面，而更在乎深层次的交流。

远离人群不代表我们不合群，在我们所处的小世界里，那里一样有爱、有温暖、有陪伴和守护。

独处会成为我们的一种能力，并在需要的时候，为我们独当一面。

"我们习惯一事当前，先为自己布下巧妙逃遁的理由。我们善于发挥悲哀的想象力，制造可资逃避的借口。我们不断把一些后天的弱点归结为遗传的天性，以洗脱自身应负的责任。

我们没有勇气对瑕疵自我解剖，便推诿于种种客观和大自然的不可抗拒之力。这一切的核心是怯懦，自身的敌人，也需有正视和砍刈的英雄气概。"

毕淑敏如是说，正中下怀。

这么些年，我依旧没有走路带风，没有很酷，但我变得有趣起来。

快看，内向的你，眼里也正在放射光芒！

你点的赞，我都认真当成了喜欢

我就是那个硬邦邦的女孩子

（白痴小姐／文）

01

今天是我寒假回家的第 30 天。

我和母亲心平气和讲的话不超过 30 句。

我真的害怕有一天，我不再爱她。

我也不知道是从几岁的时候开始，我们之间的交流变得越来越依赖争吵的形式。

可能是因为我掉在地板上的几根头发，可能是因为母亲不喜欢我的某个朋友，也可能是因为我想要吃米饭但母亲却坚持做了面条。

02

母亲一直把我当男孩养。她从来不会把我打扮得像其他同龄小女孩一样，穿粉粉的公主裙和亮亮的小皮鞋，更没有漂亮的发箍和毛绒玩具。

我顶着一头假小子式的短发从小长到大，衣服也是黑灰的运动款。

母亲很少在我做错事的时候好言好语、细声细气地和我讲话，温柔地告诉我错在哪里，即使是小时候也很少。

她从来都是毫不留情地直接指出我的错误，揪着我的耳朵告诫我不许这样不许那样。

母亲这样的教育，让我长成了一个硬邦邦的女孩子。

解决问题可能会选择和对方讨论、争辩，甚至是争吵，但独独不会选择撒娇。

我很羡慕那些习惯于向父母撒娇的女孩子，她们柔声柔气的音调好听到任谁都不会拒绝。

女孩子就是应该这样被宠着惯着长大的呀，而不是像母亲一样，在教育小孩子的过程中不加一丝的温柔和纵容。

03

除了性格，母亲的教育方式更是影响了我对感情的态度。因为骨子里藏着一个男性的灵魂，我更是认为自己完全不渴望也不需要爱情。

水桶我可以自己扛，钱我也可以自己赚，我为什么一定要找到另一半来给自己的人生徒增烦恼？

时间长了我好像失去了爱别人的能力，对好多东西都保持一副可有可无、无关紧要的态度。

我真的是厌倦了自己这股老气横秋的劲儿，想要像个二十岁的少女，眼睛里带着星星般可爱地过我的生活。

即使现在母亲也是这样。我和朋友抱怨，我的妈妈从来不按套路来，在我下飞机看到她的那一刻开始，她就不停地数落我、指责我。

临回家之前给她打电话说我要吃什么什么，她总会用"回来再说"四个字搪塞我。就在写这篇文章之前，我仔细地翻腾了每一个记忆中和母亲一起度过的画面，但是我发现，我根本找不到那些"别人的故事"。

像是临分别之际妈妈拉着孩子的手不放啊，找个地方躲起来偷偷掉眼泪啊，母子之间大吵一架之后拥抱痛哭给对方道歉啊这种，统统没有。

我不怎么会掉眼泪，看悲情的催泪电影也哭不出来，母亲也是。我们吵过架之后就都不讲话，各自做自己的事情，又像什么都没有发生过一样。

这大概是我们之间最默契的地方了。

04

可我也能感受到，母亲和以前不一样了。她变了很多。

昨天晚上，她抱着自己的被子走进我的卧室，轻轻地对我说："妈妈今天想和你一起睡。"

她可是在我很小的时候就强迫我自己睡觉的人啊。我头也没有抬就拒绝了她："不要。我要自己睡。"

还有睡午觉，她平常最喜欢在沙发上午休，可最近总是赖在我的床上不起来，即便我在看综艺看剧很吵很吵她也不出去。

和我通电话时第一句总是"你怎么这几天没有给我打电话？"，在我问她有什么事情的时候停顿一下说"没事呀，就是想看看你在干吗"。

05

你们看啊，我的母亲她不会对我说爱我，不会抱我也不会拉我的手，甚至她都没有教会我女孩子该有的柔软脾性。

但我就是习惯这样不肉麻的相处方式，更喜欢自己好像和一般女孩子不太一样的性格，像男孩子一样。

所以前面说什么有一天不再爱她了都是鬼话。我怎么可能不爱她。我只是不会讲出来而已。

平平淡淡的日子才最让人心安啊。

其实我们也没那么需要那一句"我爱你"。

嗯，母亲我爱你。

你点的赞，我都认真当成了喜欢

我可以同时追 100 个人，却说不出一句我爱你

（野火／文）

01

我是个渣女，追不到我就跑掉。

前段时间我喜欢上一个男孩子，在公共课上见第一面时就觉得是我喜欢的样子。一下课我就急忙忙去找他的联系方式，加好友之后聊起来也是很合拍的样子。长相我喜欢，性格我又喜欢，此时不追更待何时。

我约他出来走学校，我陪他去上素选课，每天每天地聊天，从醒来到睡去。在我看来，这已经是我最猛烈的攻势。

后来也曾经旁敲侧击地问过他对我的想法，可是这个男孩子呀，永远只给我一句，"我们还是做朋友吧。"

一次，两次，三次。

最后我也伤了心，直到后来有别的男孩子来追我，我也开始感到不一样的快乐。我终于对他失望了，也开始对他冷淡。直到那天我在朋友圈发了一条信息，说我从未想到能够被一个人弄成这样。

而他仿佛也察觉到了什么，察觉到我似乎终于放弃他而选择了别人。

然后我终于等到他说出那一句，"我想我是喜欢上你了。"

02

但我却忽然觉得没什么意思了。

曾经我那么热烈的情绪仿佛早已冷却，而此时终于连最后一点火星都熄灭。得不到的永远在骚动，这仿佛是这个世界永恒的定理。总要等到没可能才想要找那一份可能，总要等到别人抽回那双伸向你的手，你才想去抓住。但其实很多事情，过去了就是过去了。

从前我写过一篇文章，说的是那个追到一半就跑掉的渣男。我批评那些四处交往后来等到别人认真却又跑掉的人。现在我却忽然觉得，其实那些交往到一半就跑掉的人，并不全是随便一追，还有那么一部分，是因为太过失望最后才终于放弃。

前段时间朋友TT过来跟我说，说他好像遇到了追到一半就跑掉的渣女。

他说，那个女孩子追他，他也是有些心动的，虽然已经三个月了，但是他还想再等等，所以虽然女孩子一直问他，他都没有答应。

他说，不过是因为曾经他有过几个小时没回她消息，这回又几个小时忘记回她，那个女孩子就放弃他了。

他委屈地和我说，"她竟然把我删掉了，我真的感到非常莫名其妙。"

而听他说了事情经过，我却觉得，女孩子才是在这段感情里受伤更多的那个。

在感情里，先喜欢上的那个人，总是输得最惨的。因为先喜欢，所以患得患失的那个人是他，所以期待回应的那个人是他。

所以才会因为没有回应而放弃，因为觉得好像自己的喜欢并没有换来任何喜欢。

03

前几天看到一段话，一瞬间戳中了我的心。

"老子这种江湖儿女从来不知道什么叫八分饱。世间向来只有爱与恨，得与舍，心死如灰和沸反盈天。我爱你，说谎你就杀了我。"

所以，喜欢你我就用尽全身力气，沸反盈天。不喜欢你我就彻底放弃，心如死灰。我喜欢这个女孩子，喜欢一个人但并没有卑微到尘土里去。

我想我错了，先追者赢并不是绝对定理。可攻可守、可进可退没错，可是伤心依旧难免。感情的先后并不在于先追或被追，而在于谁先认真。

你是先追的那个，但是你认真了，遇上个追不动的，难免伤心；你是被追的那个，可是你认真了，却不知道对方只是随便一追，依旧难免伤心。

认真遇上随意，非你不可遇上可有可无，早注定一个输。

04

最后我还是要说我这个渣女。

其实前几天那个男孩子跑来对我说："不是我不喜欢你，而是我感觉到了，你从来都不喜欢我。"

他说："你从来都不喜欢我，而我却一条路走到黑了。"

我忽然慌了。

其实我也知道，因为一张脸而喜欢一个人是很肤浅的喜欢，因为想谈恋爱而喜欢一个人则是更肤浅的喜欢。我一直说，你要遇到那个很喜欢的人才能在一起，宁缺毋滥。

可孤独终究是让我怕了。我迫切想要一个人为我挡风与我取暖。

他说："认识我一个星期你就想和我在一起，你让我如何相信你。"

两年前我也曾因为肤浅的喜欢去追一个人，等他开始喜欢我了，我却因为发现自己并非真实喜欢而提了分手。那天我就知道了，我是渣女。从此我不敢喜欢也不敢接受我不喜欢的人的喜欢。

但终究我重蹈覆辙。我一直自认无愧于人，我追人从来不是随便追，而是只要你答应我也会认真地和你在一起。

但我却好像从未考虑过，喜欢和在一起好像是完全不一样的事情。在一起并不能是一种负责，而只能是因为真的喜欢。

他说："你的喜欢太轻飘飘了，我没有真实感。"

终究我还是失败了，一个人看透我的不认真而对我望而却步。

05

其实爱与被爱在某种程度上是被希望对等的，只有当你感受到自己被坚定地爱着的时候，你才敢拿出自己全部的勇敢。只有当你感觉到你的喜欢是有回报的时候，你才敢义无反顾地继续喜欢。

一个是某一方感受不到自己被坚定地爱着，所以不敢勇敢；一个是某一方感觉自己的喜欢仿佛石沉大海没有回响，所以不敢继续。无论是我与那个男孩子，还是 TT 与那个女孩子，都是因为怕爱与爱不够对等，所以没了结果。

"不是没有爱的能力，只是缺乏爱的勇气。也曾有人喜欢我，但没见谁坚持过。"

我是个渣女，不仅追不到就跑，我还忘了如何去认真地喜欢一个人。我希望别人认真，自己却并没有先付出认真。我让人受伤，自己却坚守得固若金汤。

　　你最好不要不喜欢我，更不要太喜欢我。

　　如果遇上我这样的渣女，希望你小心点。

我是如何一步步放弃社团的

（加七/文）

01

前几天，有个学弟问我："你们社团是怎么发展起来的。"

我说："社团是要靠牛人提携的。"

社团和其他学生组织的不同在于社团是靠兴趣和爱聚集起来的一群人。

我刚进大学的时候，中二，热情，且傻。

在第一周报了学生会和社团的面试，之后都收到了录取的短信。

那天，我用整整一个晚上的时间仔细地考虑了所谓的大学规划，包括了四年如何好好学习，考证考研，甚至如果谈恋爱了还要去旅行等杂七杂八的念头。

最后，由于当时痴心妄想的大学规划，以及网络上那句"社团可以选择自己所热爱的"，我选择了社团。

02

回顾过去的一年，很多东西都变了，包括热爱。

记得社团的第一次面见网友是在操场，当时我很兴奋，洗了头，还在寝室试了很多件衣服才出门。

我想，这群人必定是在以后的四年里除了室友以外感情最好的，因为我们有同样的爱好。

破冰后，在微信群里我们也聊得火热，动不动就是呈省略号的消息。

有时候一个关于食堂饭菜的话题就能聊很久，错过消息还会往前翻聊天记录，生怕漏了什么重要的信息。

后来，我们一起策划活动，发传单，做推送，拉外联……

03

改变是在第二个学期，那时候打开微信会很怕看到消息，特别是几十秒的语音。

有天晚上还在赶一篇推送的时候，我很想问自己究竟在图什么，是图一个所谓的"丰富多彩"的大学生活吗？

这个学期，没有人会在群里聊天，因为在过去的一个学期里我们已经聊了无数的可有可无的天。

也没有人会去引起话题，因为除了每周或两周一次的聚会我们几乎不会偶遇；更没有人说想要做什么活动，因为我们都有自己的事情。

大一结束，我选择了留下。

尽管我发现当初的热情在一年的时间里被消耗，被改变，但当时我固执地想向那位离开的社长证明些什么，甚至想过创造新时代这种遥远的事。

04

新生面试结束那天，我回寝室哭了。我和室友说，他们说的那些东西我都给不了。

实际上，在大学里社团是很渺小的存在。

我非常害怕看到这些和最初的自己一样热情的新生，看到他们所热爱的东西一点点地被消耗和改变。

社团是需要爱的，而爱是需要资本的。

如果想有可以维持运作的资本，首先在学校要有影响力，但社团并没有固定成型的大活动，于是就必须自主筹备活动。

这样就像是在和全校人说，"你看，我们在搞事情。"

但在活动中，社团人用热爱的事物搭建的那个小世界却很难有人理解。

去年，我的高中同学最常和我说的一句话就是"你又在搞什么东西？"

其次，社团没有固定的资源和福利。

成型的学生组织会有负责的老师去牵头联系资源，期末优秀的学生干部还可以加分。

而社团有什么，是你我口中说的热爱吗？

有次在社团总群里看到有人问社团经费是哪里来的，马上就有人回复"经费早就是负的了"。

还有一位汉服社的学姐说，经费基本都是从自己包里出的，有时候一条裙子里层的花费就一千了。

05

社团的生存规律是盛极必衰。

一些刚进学校时生气勃勃的社团，往往两三年之后就会走下坡路甚至直接沉寂，而同时又会有另一批人因为满腔的热血设立一个新的社团，或者把一个旧社团复活。

就像"富不过三代"这句俗语一样，社团的传承问题是最难的。

你所看见的"百团大战"的一百个社团中真实后继有人的可能只有十个，而这十个社团里不依靠学院或者学校生存的更是几乎没有。

我怕眼睁睁看着他们的热情被消耗，和当初的自己一样，最初说着喜欢和热爱，却在一年反复的工作里通通变成了不甘心。

不甘心的结果一种是像我一样去试着捡回当初的一点热爱，另一种就是丢弃热爱然后保持现有最舒适的状态。

社团真的很难。

06

大二开始带社团的时候，我非常矛盾，一面是自己被消磨的热爱，另一面是新生们刚萌芽的热爱。

在新学期里我努力地想大家轻松一点儿，尽力帮助他们解决社团内或者其他生活里的事情，因为我要承担社团传承的责任。

可能是因为歉意，我对他们抱以最大的善意。

就在昨天，我收到了开学以来的第一个好消息。

有个小朋友和我说，她决定留部了，因为想在大学做一些有意思的事情。

平时，我总是和朋友自嘲说带社团要看开，听天由命挺好的，不用去纠结怎么做一个"好社长"。

但听到她说决定留部的那一刻，我很高兴，我知道自己是非常在乎的。

07

兴趣和爱往往是我们最开始选择社团的原因。

但随着时间的流逝，很多东西会被消耗，包括热爱，可能是不好的模式，可能是里面令人失望的情感联系，也有可能是挫败感。

所有东西都有保鲜期，但我们必须明白的是消耗热爱的不是热爱本身。

我多希望社团里只有"喜不喜欢"这个选项，这样就可以不用面对很多东西，也不会不快乐，但现实就是每个人在社团选择责任的同时必定伴随着负担。

同学问我："现在后不后悔当初留社团的时候？"

我说："悔，要是当时只挂个副社的名头就好了。"

但世界上大部分事情，都是要在投入努力后，才会感受到有趣和喜欢的。

因为喜欢，我们才会心甘情愿地啃下那些不喜欢的部分。

总有一天，电竞社的你会在第 N 次退游后再回来，轮滑社的你会在第 N 次摔倒后再爬起，话剧社的你会在第 N 次下台后再表演。

《仙剑奇侠传三》里，有人为了不让龙葵死，让她穿上一级的装备，不断地重来。

《悟空传》里，有人为了逆天改命，踏南天、碎凌霄，不断地战斗。

社团里，同样有人为了一份热爱，让有共同爱好的我们联系在一起，不断地对抗。

至尊宝最后发现了自己爱的人是紫霞仙子，因为他的心里还留着紫霞的眼泪。

　　我们爱上一个社团，就像是在四年里追寻心中的紫霞仙子。

　　就算月光宝盒出现，就算可以重来，最后我们都会为心中所爱不顾一切。

我也不想成为你讨厌的班委啊

01

学妹小幺上大一了，开学之前就在询问我自己是否要去竞选班级干部，我鼓励她去做想做的事情，她活泼外向，在高中一直也是班长，于是，她毫不犹豫地竞选了班长这个职务，开学到现在，看她过得挺充实，忙碌得连朋友圈都没时间发。

昨天晚上我主动问她："学妹，最近还好吗？"

简单的一句话，不知道是不是问得不合时宜，接下来，我的手机不停地振动，几分钟的时间，她给我发了有近十条语音；我耐心听完，知道这是她的一肚子苦水，后来她又说："不好意思学姐，又给你这么多的负能量。"

我安慰她，大学就是这样的，只有经历了才知道，而当大学班委这件事情，更是过来人才能感同身受。

02

前段时间网上对大学班委职务做过一个调查，评选出了"最吃力不讨好"的班委，它的名字叫作——学习委员。

我苦笑一声，原来，有这么多人都跟我同甘共苦啊。

用"吃力不讨好"这词语来形容我的处境简直太贴切了。

在大学的课堂上，除了专业课，永远都是倒一片，要不然就是低头族，刷手机是日常，听课是很稀奇的事情，于是，在担任了一段时间的学习委员之后，我深深地感到它承担的重量。

如果学习委员不听课，全班可能都不知道今天老师布置了什么作业，明天老师是否要换教室上课，期末考试的复习点是什么……

是的，除了你，很少人会去在意老师在讲什么，当然，不排除也有部分同学是与你并肩行走的。

每到交作业的时候，你不怕同学迟交，你最怕的是有人问你，"作业是什么？"满脸问号地问你，在你下一刻就要交给老师的时候，你可能真想看看他的脑子里装了什么。

明明提前一个星期你就把作业公布在了QQ群的公告栏里，细心体贴地用红色记号提醒同学们交作业的时间和这次作业的重要性，但是，依旧有人看不见，这种看不见是你@全体成员也没有用的，他对自己根本不上心。

你在群里提醒再提醒，一字不漏地传达老师对作业的要求，收到的并不是他们的感谢，而是匿名来的一句——你真烦人，天天只知道收作业。

原来，当了班委的你，尽职尽责也变成了一种错。

我不得不思考，大学班委到底该怎么做，才能不惹人厌呢？

03

后来我明白，我不论怎么做，匿名的人还是会觉得我讨厌，因为我做了他没有做到的事情，我完成了他没有完成的作业，他是那个安逸沉睡在黑夜里的人，而我非要拿着手电筒去叫醒他，那我肯定很讨厌。

前几天，隔壁班的学习委员给我发来一串语音，吐槽他们班的同学，她说她发消息要么班级群里没人回复，要么就是不按照她的要求交作业，最后她说了一句："他们是选择性眼瞎吗？"

我回了一句："他们不是选择性眼瞎，他们是选择性依赖。"

不得不说，如今的大学生依赖心真的很强，不到最后时刻，绝对不亲自动手，似乎很多话都成了耳边风，很多事情也都与自己无关。只有"不得不"而没有"主动做"。

听到很多同学对自己的学习委员说："有你呢，老师说啥你记下了就好，回去告诉我。"然后低头在王者荣耀中拼命厮杀。

依赖是一种慢性毒药，在你真正意识到的时候，它已经侵蚀了你的全身。

而现实生活里的厮杀，往往比游戏中的厮杀要来得更猛烈。

04

大学的作业，你可以在要交作业的前一天晚上熬夜加班赶出来。

但是，你的大学四年并不能一直停留在日复一日赶作业的状态下。

不然，到你真正面临社会的时候，你两只脚都跑不赢那些慢慢走的人，毕竟她们已经跑了四年啊。

上周的班委群里十分活跃，大家在商讨着如何办一些有趣的团日活动，既可以完成学校每个学期的检查，又可以让同学们觉得有意义，最后商榷为去食堂包饺子。

"比起无聊的 PPT 讲演，或许这个活动会更有趣吧"，作为班委的我们这样想道。

在班上一说，大家鸦雀无声，就算是默认了；放学回宿舍的路上看见小娜，我喊了她一声，她却并没有搭理我，加快脚步后，我听见她和随行的同学说："就是她们这些班委，搞这种无聊的活动，这么冷还不如让我躺在被子里呢，好不容易明天下午没有课。"

我叹了口气，心中五味杂陈，想起班长那天趁着食堂管理员还没下班，下课后便跑着去了食堂与管理员对班级这次活动进行商量协议，苦苦哀求之下，最后以义务打扫 2 天一楼食堂作为了交换条件。

"活动结束后班委都留下打扫卫生吧，明后两天的食堂卫生就轮流来吧，5 人一组，我带一队，学习委员带一队。"

其实我们并没有什么不同，我们都是去年 9 月份入学，面对老师每天下达的任务，除了传达便是组织，班级里的每一件事似乎都需要一个领头的人去牵头完成。

我们不后悔成为班委，但我们很害怕变成你口中"讨厌的人"。

05

为了不错过最新的信息，班委的 QQ 里从来不敢屏蔽任何一个群消息；为了保证每一个同学的身份信息收集得准确无误，班委在 excel 表格里要检查一遍又一遍；为了让同学们选修到自己喜欢的课程，班委会第一时间在群里提醒再提醒；为了能让来请假的同学不被老师记为旷课，班委会厚着脸皮问老师多要几份假条。

在这大学四年的光阴里，我们彼此遇见，那一颗颗年轻赤诚的心在那一声"你好"中相互碰撞，从南到北着实不易，我们都不希望日后回忆起来这几年，日日相处的只是"那个讨厌的人"。

如果可以，我们还是要一起好好建设社会主义大家庭啊。

其实，我们不奢求什么，我们只需要一点点谅解就好，一点点就好了。

　你点的赞，我都认真当成了喜欢

我喜欢你啊，交个朋友吧

（皮柚／文）

01

微信群里有人转了一篇文章，大概讲的是："对于喜欢的人，如果做不成恋人，也不要做朋友"。

文章的最后一句话是："我不缺朋友，只缺你。"

"狗屁！"lulu 回，我默默表示赞同。

02

说好的"喜欢"哪有那么容易释怀。

lulu 之前是个没有多少主见的女生，当她跟身边的朋友说自己喜欢上了她的学长的时候，朋友们让她去表白，最开始 lulu 是不太愿意的，她觉得学长不会喜欢她这种类型的女生，不过最后还是没架住朋友们的鼓动，大家都说："喜欢就要说出来啊，大不了就不要做朋友！"

lulu 去告白了，lulu 告白失败了。

学长说："lulu 你很好，我们可以做朋友。"

lulu 的朋友们又站出来说："渣男！知道 lulu 喜欢他还说做朋友，摆明了是想把 lulu 做备胎！lulu 你不要再理那个人了。"

真可怕啊。

被拒绝的 lulu 难过了好几天，就在大家都觉得 lulu 以后不会再理那个学长的时候，lulu 又去参加了学长的生日聚会，而且精心准备了礼物。

lulu 说："本来就是我一个人的喜欢啊，贸然告白不被讨厌就已经很好了，我很喜欢学长，被拒绝那几天我也告诉自己要像文章里面那样彻底断掉对他的喜欢，远离他的生活，可是太煎熬了，我做不到，其实偶尔和他说说话我就足够开心了。那就做朋友吧，或许会更长久。"

lulu 不是没有告诉自己"那就算了吧"。可是，有 100 次告诉自己要放下，还是会忍不住会有第 101 次的想念。还是忍不住想找学长说话，还是会忍不住想要回他消息，还是想到他就忍不住欢喜。没和学长说话那几天，lulu 把她和学长的聊天记录还有学长的朋友圈、QQ 空间、微博翻了好多好多遍。

如 lulu 所说，太煎熬了。

学长说很喜欢 lulu 送的礼物，lulu 还是不可抑制开心了很多天。

真正的喜欢是做不到一刀两断，绝不回头的。

03

和喜欢的人之间，从来不是只有恋人和陌路两种选择。

比如，有一种关系叫作"何炅谢娜"。

2002 年，谢娜刚刚加入《快乐大本营》，从没做过主持的她看不懂台本，何炅默默地把她的台本拿过来重点标记，和她一遍一遍地对。

2005 年，谢娜在自己的节目《明星》中采访刘烨，因为不好意思便找了何炅陪，何炅陪着她在演播室等了一夜。

2007 年，谢娜在《舞动奇迹》中因为评委的不公中场离席，当时关于谢娜的负面评论天天刷屏，是何炅一直在开导和鼓励他，决赛那天节目一结束，何老师走到谢娜面前小声地说了声："娜娜，终于结束了，好好休息一下。"谢娜趴在他肩上哭了好久。

2009 年谢娜结婚，何炅是司仪，他在她的婚礼上对所有人说："她幸福，就是我最大的幸福。"后来的何炅，守护着谢娜，也守护着她和张杰的爱情。

听说，陪伴就是最长情的告白。

直到现在，他们还是站在彼此身边。

群里转发的那篇文章说："我喜欢你，我想和你在一起。你要么接受我，要么拒绝我，不要退而求其次说只做朋友。告白失败也没关系，要么我继续追你，要么我退场，从此你我陌路。"

听起来多么豁达甚至很酷，但实际上却自私、幼稚得可笑。

难道真正的喜欢不是陪伴吗？

什么时候成了占有？

难道真正的喜欢不是守护吗？

什么时候成了绑架？

"对面走过来一个人，你撞上去了，那是爱情；对面开过来一辆车，你撞上去了，是车祸。但是呢，车和车总是撞，人和人总是让。"

成为恋人真的是需要很大缘分的，如果不曾有幸获得这缘分，或许换种方式能更舒适地住进对方的心里。

真正的喜欢是，不论什么身份，能待在你身边就好。

04

"晚安。"

"晚安。"我按下发送键,聊天窗口他的头像随即变成了灰色。

他是我很喜欢的一个男生,很喜欢的那种。

自己喜欢的人,其实心里很清楚他会不会想要和你成为恋人的,所以我没有选择大张旗鼓地告白来做自欺欺人的挣扎。

我说:"你跳舞太帅了,迷人,喜欢!"

他说:"哈哈哈,老铁,跟你在一起真的很舒服!"

喜欢就是喜欢,其他任何附加条件都太过累赘。

这么多年,我们一起吐槽烂电影,分享烂心情,抱怨烂天气,也一起笑着谈天说地。大大方方的喜欢,真真切切的友谊,甚至有时候,更像是亲人。

群里转发的那篇文章说以好朋友的名义去喜欢都太过卑微了。

不是的。

我喜欢他,我就关心他,我就不愿意从他的世界退场,以朋友的身份大大方方站在他身边一点儿也不觉得有多卑微。

倒是那些硬扛着说"我不要和你做朋友",然后自己在心里偷偷想念百遍千遍万遍的人,才可怜得像条狗。

后来 lulu 有了现在的男友,和学长也保持着好朋友的关系,lulu 说:"我们做对方的垃圾桶也做对方的幸运瓶,我相信在他心里一定有我的一个位置,哪怕只是小小的一个位置,对我来说,也比做成陌生人幸运太多。"

有些人因为太重要了,所以选择做朋友,希望比恋人更长久。

很羡慕那些说爱就爱,说恨就恨的人,但是我和 lulu 都一样,做不到决绝地从我们喜欢的人的世界退场，既然已经遇见，就没办法说服自己错过。

　　"喜欢他，从一而终，认真且尿。"

　　无论以什么身份，只要是待在自己喜欢的人身边，都是欢喜。

　　做不成恋人，那就交个朋友吧。

我又熬夜到了深夜两点

01

"我又熬夜到了两点。"

每次这个时候，我都会给橘子发条微信，如果她没睡，我们会开始漫长的聊天；如果她睡了，我只能继续冲浪。

第二天早上七点多，橘子回了一句："保命要紧"。我九点多醒来回复她："睡觉好难"。

橘子总是和我说："小七啊，这辈子你都不可能早睡的。"每次我也都虚心接受着："大概……是五行缺觉吧。"

那么，深夜两点不睡觉的人都干吗去了？

02

每次熬夜，朋友圈总会有那么几个和我在广告的评论区成为一晚上的点赞之交。

"你没睡啊？"

"快了，你怎么也没睡？"

这就好像是原始时代打招呼那样：

"你在这里啊？"

"是啊，你怎么也在这里？"

我问他们在做什么。

他们回答没干吗，就是睡不着，也不想睡。

有人在夜里追求高效的工作，也有人在夜里暴露情绪、真诚想念。越来越多的人不是失去睡觉的能力，而是失去睡觉的兴趣，我们说所有不睡觉的时间是自己的，说"夜生活才刚刚开始"。

你会发现一旦自己开始接受晚上只属于自己一个人这样的时间设定之后，就会很自然地接受熬夜这件事，开始漫长的一个人的夜生活。

03

有一次在长途汽车上，旁边的一个阿姨正在发语音，她说"我早上看你的微信步数七八千，昨天晚上干吗去了？"

一猜就是发给孩子的。

现在的爸妈真是"与时俱进"，他们想尽各种各样的办法去走近我们。但我们的朋友圈其实已经设置好了屏蔽，QQ空间也不会对爸妈开放，微博更加是一个人的地盘……

于是，父母"很聪明"地通过每天变化的微信步数来"打探"自己孩子的生活。

我也有一次和几个朋友在凌晨走出了一万多的微信步数。

那时候街上没有一辆车，我们在马路中央拍一张很酷的照片，研究着行道树有多高，数着身边经过了几个穿红色运动鞋的人。

我们就沿着北山路一直走下去，聊些有的没的，深夜听不到一点儿汽车发动的声音，和很多人擦肩而过，轧马路的，夜跑的，还有纯聊天的。

伴随着小镇夜晚独有的二十六度的风，加上从小玩到大的两三个伙伴，能完全享受的时间实在是太少太少了。

这样的晚上才是真的不想睡觉吧。

04

现在，睡觉这件事情好像离我们越来越远了。

很多人说到晚上才好不容易有自己的时间，所以就只想紧紧地抓住它，甚至因为这样连做什么都变得不重要了。

说实话，在睡不着的时候没有人会在意微信步数，也不记得在做什么。我们就是想醒着，这样就可以多看一点，多玩一下。像我，已经记不得自己在深夜两点给多少个广告点过赞了。

或许，我并不是很在意深夜两点微博的热搜，不想醒着听室友说梦话，更不愿意深夜和夏天的蚊子战斗，只是习惯了一天天时间不知不觉到了那么迟。

我以为这是自己喜欢的晚上，一个人，一盏灯和一部手机。

我比任何人都知道自己不睡觉的原因。和生活中的很多事情一样，比如减肥，一杯奶茶就可以让自己闭了嘴；比如学习，一盘游戏结束就只剩下7秒的记忆。其实更多的是无期限的拖沓和任选的放纵，这样一个又一个不睡觉的晚上真的好吗？

05

当我们回头看自己那些"夜生活"的时候，会发现其实十二点之前的生活和十二点之后的并没有什么不同。

现在有很多关于熬夜的新闻和文章，里面写的同龄人有的突发病情，更有甚者离开了世界，看到时难免会心里一惊，然后在购物车里默默地加上一些保健品。

一边保命，一边熬夜，是现在年轻人的常态。

每天晚上寝室里亮着的灯都是一个个不睡觉的灵魂在独自生活。

我真心地希望你在所有不睡觉的晚上是好好享受时间的，而不是成为孤独的守夜人。

亲爱的你啊，请学会好好睡觉。

也许一个关心你的人，会在每天早晨翻看你的朋友圈甚至检查你的微信步数，拜托请也让他知道你好好地睡了一个觉。

与其在无聊的夜晚熬着无聊的夜，不如放下手机和杂念做一个好梦。

辑二

我不介意孤独，
但爱你也很舒服

喜欢你是我的自作多情

01

昨晚又没睡好，都怪"算了吧女士"。2018 年还没过一半呢，我已经数不清这是我第多少次听她这段故事。

算了吧女士是我的学妹，有一个前男友，分分合合在一起将近六年。

她是一个很痴情的女孩，即使是以朋友的名义她也要坚持待在男孩身边，恪守好一名万年备胎的准则。

故事是这样，希望你比我更有耐心听。

02

2012 年，初一，第一次有人问我是不是喜欢 J。

2014 年，你说我们和好吧，我拒绝了。

2014 年跨年，我胖到了 116 斤，生活特别的颓靡，那一晚灯火万家，而我一个人偷偷哭了两个多小时。

2016 年高二，我的成绩慢慢回升，渐渐走出了阴影。

2017 年跨年，J 的哥们儿庞突然找到我，告诉我 J 是动摇的、不确定的，让我再试试看，我一晚上没睡着。

2018 年……

女孩："很久很久以后，如果你不再想一个人了，能陪在你身边的人还可以是我吗，我真的想了很久才决定这样问你，在你面前，我已经很卑微了，不在乎这一次，不怕你怎样说。"

男孩："我想了很久还是不知道怎么回答你，我不确定很久以后身边是谁，我也不可能为了现在应付你而选择欺骗，我唯一确定的是，有些事情时间抹不去。"

我以为这是你给的希望，你告诉别人，这是你的婉拒。你真的很可笑，原来别人怎么看，都是我自作多情。

2018 年 1 月，我决定放弃你。

03

算了吧女士讲得可动情，眸子里泛着星光。我打量了眼前这个只有 90 斤的家伙，一面鄙夷着这个喋喋不休的女人，一面仍旧饶有兴趣地追问事情的发展。

尽管现在只有 90 斤，"肥胖"这两个字带着过往成为算了吧女士这一生再也不愿意触碰的字眼。

好像每一个故事的反转都隐隐透露出一些悲情的色彩。

"绿蚁新醅酒，红泥小火炉。晚来天欲雪，能饮一杯无？"

古城西安，春城昆明，南北相向 1533 千米。

04

想念大概就是啃着肉夹馍的馍，任哈气在冷空气中灭了又起。

她以一种极其怪异的姿势端着手机，看着聊天框，看到艳阳里的倩影，看到她仍捧着冰激凌，敲下几个字，"我想吃鲜花饼。"

算了吧，女士自三年前分手后就没有和男孩联系过，直到高考录取结果下来，才破冰主动找男孩讲话。佯装云淡风轻地问男孩被哪所大学录取。

男孩："西北大学，你呢？"

女孩："云南大学，好远啊哈哈。"

女孩："以后都不能见面了。"

男孩："又不是不回家了……"

难以掩藏最是悲伤。

05

可能是因为对面站的人太重要了，你会去揣度他的语气，逐字逐句分析，想偷偷知道每个标点符号背后的潜台词。

会想，他究竟是以什么样的情绪来讲这句话，是期待是不耐烦，还是只是单纯的安慰，可是她不敢想。

我们总是被黑夜裹挟着奔跑，因为白昼太晃眼，包裹自己的东西太多。

几滴眼泪流入黑夜，注定之后所有的日子都会悲伤。

男孩告诉女孩自己是轮到第二志愿才被录取的，而且自己的第二志愿本来是云南大学而不是西北大学。

仿佛他就像一直都记得云南大学是算了吧女士最喜欢的学校。

但是最终他还是更改了自己的志愿，就像命运的多个相逢路口，他的每一次选择都恰如其分地规避了那条两个人可以一起走的路。

我们不怀疑缘分，因为缘分本来就瞬息万变。

06

我每天少数看到算了吧女士的时间里，她不是在等待男孩回复消息，就是在还未收到上一条回复又急着编辑着下一条自以为的趣事分享的状态里。

"J说，西安雾霾特别严重。"

"J他们今天考微积分。"

"J生日要到了。"

一份卑微的付出要多久才能黏合感情的伤口，却到头来庆幸自己，还好没有走失。

少女总是容易被一点点甜蜜滋润，然后脸上就是简单兮兮的喜悦。

"我得给他寄点吃的东西过去。"

"我得给他准备一个生日惊喜。"

三个日夜，一箱吃的，一个DIY相册。

我总是打趣她，"他有什么好的呀，换我做你男朋友吧，陪玩陪学习，消息秒回不是问题。我要求很低的，只要有吃的，有玩的就行。"

红晕爬上了算了吧女士的苹果肌："他不是我男朋友，你别瞎说。"

07

算了吧女士最怕听到"算了吧"。

三年前他说:"我们还是算了吧。"

所以三年后,她拨弄星月,想说:"我们不要就这样算了……"

好像那些年错过的东西,总是渴望能在往后的漫长时光里拾起。

有的人用自我搭建的城堡来铭记,记忆撤走,城堡塌陷,只剩下一盘沙子供其独自哀悼;有的人很幸运,比如算了吧女士。

DIY 相册里是他走过的风景,一箱吃的里有几个口味的鲜花饼。也曾小心翼翼塞入一张纸条,偷偷幻想他的回答。

"好不容易又一年,渴望的你竟然还没出现。"

谁也不知道改志愿的那晚我们在想些什么……反正,算了吧女士现在和男孩可暧昧可暧昧了。她很知足于现状。

世人谓我恋长安,其实只恋长安某。

"走,喝酒去。"

你点的赞,我都认真当成了喜欢

道理我都懂，喜欢才甘愿

（皮柚／文）

01

"为什么总有人做扑火飞蛾？

为什么总有人愿意爱得那么卑微？

为什么总有人分手之后还恋恋不舍？"

这是我和陈理闹别扭的时候，发在朋友圈的话。

有人在下面评论了一句，"因为喜欢，所以甘愿。"

可那时的我，实在不懂什么叫"甘愿"，不懂身边那些闪闪发光的朋友，怎么能在爱情里卑微到尘埃里去。特别是陈理，一个183厘米的阳光大男生，我还记得当时气急了对他吼道："你自以为是的坚持只能感动你自己，实际上毫无意义。"

陈理在高中的时候喜欢上同班的一个姑娘，并且两个人稳定发展成好友关系，在高三的时候有了个柠檬味的约定，如果两个人考到了同一座城市，就在一起。至于约定为什么是柠檬味的，倒不是那酸酸甜甜的味道像极了青春涩涩的爱情，也不是那清清凉凉的触感软化了两颗甜甜的心，而是因为那姑娘特别喜欢喝柠檬水。立下这个约定的时候，两个人正在喝陈理爬出学校围墙买来的柠檬水。

后来高考，姑娘考得很好，陈理却只够读一个三本，要真去同一座城市也行，可是陈理有自己的打算，他想复读。那天填完志愿，两个人坐在奶茶店里，姑娘说："我等你一年，你一定好好考。"然后转身去留言墙上写留言，姑娘在粉红色的便利贴上写下"陈理大笨蛋，记得来找我"的时候，没有看到陈理的眼泪掉在了喝柠檬水的吸管上。

　　陈理喝下去，又酸又咸，心里却是加了糖的。

02

　　复读的时候，陈理加了倍的努力，有点儿空闲时间的时候，就给姑娘打电话，以前一打电话姑娘就能接上，后来有时候接有时候不接。一年也说长不长，十几通电话就过去了。

　　陈理考得特别好，一查到分数就给姑娘打了电话，姑娘说恭喜他，陈理说"我可以和你一个学校了"，姑娘说"那太浪费分数了，你去其他城市吧"，陈理着急表示自己会按照约定去找姑娘的，"我有男朋友了，以前的事就算了吧。"陈理突然不知道该说什么，好像什么都不知道了，而那边的电话已经挂断。

　　最后陈理还是没能去姑娘读书的那座城市。但是从大一开始，陈理就骑行去找姑娘，陈理向姑娘道歉，是他自己没考好，没能完成约定，姑娘说从来不怪陈理，也让陈理别再去找她，陈理回到学校，就发现自己躺在了姑娘所有联系方式的名单里，陈理去喝了一晚上的酒，决定以后每年姑娘生日时，都骑行去姑娘的学校，正好姑娘读五年，陈理四年，因此姑娘之后三年，都有收到陈理寄给他的生日礼物，每一份都看得出来很用心。

　　可是姑娘不知道，每年和生日礼物一起到她学校的，还有陈理，陈理只是看看学校大门，在里面骑一圈，又回去，没碰到过姑娘。

"为什么要这么做？"

"欠她的。我曾经答应她和她一个学校，答应她一起去骑行，我都没做到。"

"是她先不等你了，她不喜欢你了。"

"是我先喜欢她的，我也还喜欢她。"

"你自以为是的坚持只能感动你自己，实际上毫无意义。"

"对，感动我自己就够了，你知道吗，就像一个仪式，我必须完成。"

03

后来，陈理出国了，在出国之前，他在高中时两个人常去的奶茶店坐了一天，奶茶店的一切都变了，不变的是，陈理还喜欢爱喝柠檬水的姑娘。我当时说陈理无聊，固执，自欺欺人，失去自我，却不知道人类的悲欢并不相通，直到我自己也执着喜欢上遥远的人，才明白爱情就是一门玄学，不管懂了多少道理，也抵不过自己一份甘愿。

在遇到那个人之前，我读过很多大道理，批判过好几个"陈理"，冷眼旁观好不得意，可是自己心中的小鹿乱撞上去，才知道喜欢他的时候，喜怒哀乐全依他，明知道两个人没有可能，也耗尽力气往前，撞到南墙才不情不愿回了头。

我开始明白，因为太喜欢，所以才不管飞蛾扑火——自取灭亡，而是相信念念不忘，必有回响；因为太喜欢，才不管所爱隔山海，山海不可平，而是相信日久见人心；因为太喜欢，才不管奇迹会不会出现，而是相信那是疲惫生活总需要一个英雄梦想。

道理我都懂，喜欢才甘愿。

"我懂你了。"我跟陈理说这些的时候，他身边已经有了新的姑娘，他说即使如此，也没有后悔过自己以前做的一切，"其实我们不仅仅是喜欢那个人，还喜欢那个总想试一试，总在相信奇迹的自己。"我说"是"，我说"祝你幸福"，我没说"你到底有没有喜欢过我"。

喜欢的仪式已经完成，这一趟人间便值得。

04

人们总是在劝诫人，爱的时候要有骨气，离开的时候要干净利落。可是不是的，人生没那么长，遇见一个自己喜欢的人太不容易，谁都想好好珍惜，就算磕磕绊绊偶有受伤，也不为谁，只为自己遇到的那份特别的缘分。

陈理和我，和每一个在爱情里不懂计算得失的人，都不是圣人，都不过庸俗尔尔，难得有人闯进心里，就拼了命喜欢。

直到自己也分不清到底在喜欢什么，只是甘愿往前，不愿做自己的逃兵。我们都会走到生命的尽头，而这一路上，好的坏的，都是风景。

难得甘愿，那就甘愿。

那个被渣男随便一追就当真的傻姑娘

（野火/文）

01

身边总缺不了遇上渣男的女孩子，捧着一颗心却被毫不怜惜地摔到地上。

最近常常有女孩子来问我，"为什么我总是遇到追了就跑的渣男。很多时候，明明是他先追的我，可最后伤了一颗心患得患失的反而是我。"

"明明是他先喜欢的我，最后伤了心的却是我。"

在这些故事里，她们总是想问，如果一个男人并不喜欢你，那为什么要来招惹你，为什么要等你那么投入时又忽然脱身而去。

可是，我想说，喜欢这件事本就千变万化。

也想说，这个时代的感情本来就充满了种种不确定。

《从前慢》里这样唱道：从前的日色变得慢，车马邮件都慢，一生只够爱一个人。

那么多人怀念那个叫从前的时代，只因这再也不是那个一生只爱一个人的时代，喜欢的保质期再也不像从前那样长了。

以前我总觉得，先追的人才掉价。

但后来，这么多年都过去，我终于发现，先追才是最安全的定位。

在这个定位上，可攻可守，可进可退，先追者赢成了绝对定理。

而往往那些仅被随便一追就当真的，才被伤得最深。

02

朋友苏苏也刚经历过这样的事情。

从开学以来就有一个不错的男孩子想追她。

一开始他们还只是在一天到晚聊天，到后来就开始常常一起出没，一起吃饭一起泡图书馆。男生去打篮球赛，苏苏也在一旁给他递水加油。

而我作为苏苏的朋友，也常常接到苏苏给我撒的糖。

有一天苏苏给他发了很多她觉得好看的女孩子的照片，然后他说："看了这么多，我还是觉得你最好看。"

有一天苏苏很忙没时间见他，他就可怜兮兮地说："今天都没能见到你，一天见不到你我就好想你啊。"

每到这样的时刻，苏苏总是来我这里撒泼、打滚、做娇羞状。

我也算是个旁观者，看着他们从相识到暧昧，也看着一天到晚冒粉红泡泡的苏苏越来越投入，一直觉得他们两个必定会成，只是时间问题罢了。

03

但前天她却忽然丧气满满地出现在我面前，抱住我，以一种好像就快要哭出来的语气说。

"我失恋了。"

我当时蒙了一下，赶紧问她到底怎么了。

从她语无伦次的诉说里我终于理清了事情的究竟。

一开始是有一次她小心翼翼地提了要不要在一起，结果没想到男生却顾左右而言他。

后来那两天男生都对她非常冷淡，发消息总是过了几个小时才回一句不冷不淡的话。

然后她终于忍不下去问了为什么，而男生说的话简直让她爆炸。

"可能我不喜欢在网上聊天吧。""可能我真的觉得跟别人一起玩游戏比较有意思吧。"

她说她心里一瞬间闪过无数个挣扎、无数句粗口，但最后只回了一句好。

其实比起伤心，她心里更多的是不明白。

明明先追的人是他，可最后说玩游戏比和她聊天更有意思的人也是他。

明明一开始永远秒回消息的人是他，可最后隔几个小时才回一句话的人也是他。

明明暧昧时那么会说话的人是他，可说要在一起时却逃避的人也是他。

她不明白，为什么有的人，可以这样不负责任，可以变得这样快。

04

而其实我想说，喜欢就两个字，不用心而脱口而出也只是瞬间的事情。

在我的身边，多的是广撒网追妹的男孩子，对一个女孩子稍微有些好感便上去追，便上去说喜欢。

对于他们来说，QQ、微信双开，同时和几个妹子聊天只是日常罢了。

惯性追人的总是太多。

以前我看过一句毒鸡汤，"他追你不是因为你特别好看或特别优秀，只是因为你看起来就一副很好追的样子"。

说真的，在这个流行暧昧的年代，输的只会是先认真的那个。

尤其是那种外貌、性格都还好的男孩子，真的不缺女孩子喜欢。

对于他们这种从花丛里走过来的男孩子，早已具备最成熟的追人技巧。

情话连篇都只是小意思，更不用说只是说一句喜欢，这简直是一件太容易不过的事情。

后来我问苏苏，除了那些好听动人的情话，他可曾为你做过什么事让你感动，但她想了好几遍，却发现根本说不出什么事情来。

最后她说，如果一定要说的话，唯一让她感动过的时刻，是有一天她心情不好，他曾为她唱过一首哄她开心的歌。

然后，便再也没了。

多么空白的喜欢啊。

05

其实，女孩子真的很容易喜欢上一个每天陪她聊天的人，这是难以避免的事情。

但在这样情话信手拈来的时代，你又怎能因为人家陪你聊几句就送出自己的一颗真心。

而这个世界上的大多数人，总要从无数伤害里走过，才明白这个道理。

我也曾有过这样的经历，因为若干个深夜里的聊天与陪伴喜欢上一个人，到后来他渐渐冷淡、渐渐变了语气、态度。

也曾问过无数个为什么，为什么要来追我，为什么要占据我的生活以后又突然走掉，为什么不想认真却偏偏要来招惹，为什么要猝不及防地来又毫无征兆地走。

那么多为什么，就像溺在深海之中的人，好像只要他给你一个回答，就是你唯一的救命稻草似的。

可是你想要什么样的回答呢？

"我喜欢过你但现在不了。""我只是玩玩而已。""我觉得你越来越没意思了。"

又有哪个是你想要的呢？

不要再问为什么了吧。

06

其实，我们都曾是苏苏，都曾是那个被渣男随便一追就当真的傻姑娘。

在苏苏身上，我们总能或多或少地寻找到自己的影子。而每个渣男的套路也总不过那么重复的几套。

其实很多时候，我们看透的比我们想象的早得多。只是女生总是感性，总是不愿意相信自己一腔真心却是真的被弃置。

但人生苦短，比起为了别人兵荒马乱，我们难道不是更有责任把自己的人生过好。

我们都曾轻易被几句情话打动，我们都曾太轻易地相信过喜欢，才最后活成如今满身铠甲的模样。

我知道，很多相信都被辜负，很多全心全意付出最后却得不到该有的回报。

但也要相信，未来总会有一个人。

跨越山和大海，穿越拥挤的人潮，只为拥抱你。

男朋友不让我把他介绍给亲戚

（何谷／文）

01

过年饭桌上，宋琪的恋爱问题就被热腾腾端了上来。

她娇羞地给七大姑八大姨介绍了自己已经谈了一年的男友，拿着男友的照片得意地说男朋友又帅又高。

可等到她把情况汇报给男友的时候，男友的一席话顿时浇熄了宋琪所有热情。

"介绍给亲戚有点儿太早了。"

宋琪对于这份感情一直都持不确定的态度，她不确定他爱不爱自己。

每当宋琪满眼憧憬傻笑着，就像《西游降魔篇》里的驱魔人段小姐说："我想找一个如意郎君，跟他一起组织家庭，生一个小宝贝，然后简单快乐地过一辈子。那个人就是你。"

男朋友就像玄奘一样，说了一句"神经病"。

这段不谈未来的恋爱，宋琪觉得他在耍流氓。

换句话说，她没有安全感。

未来这种空泛的东西，变幻莫测也不可预知。

宋琪也不是那种单凭一句空话就傻乎乎黏上的姑娘，可连一句承诺都不给，她不能确定这份真心。

两人就因为一个有口无心的誓言，上升到你到底在不在乎我的高度。宋琪不断要求对方给自己一个未来，但她嘴里的安全感，实际上是在质疑他们的感情。

归根结底，宋琪也不相信他会给自己安全感罢了。

02

闺蜜的作用是统一战线，痛骂渣男。

而这一次当宋琪把这道难题丢在我面前的时候，我一点儿怒气都没有，只想和宋琪讲讲道理。

这不是一道讨论情侣之间步调和思想一致不一致的问题，这只是男女之间的差异，没有对与错可言。

就像在朋友圈张贴恋爱进度的都是女孩子，而细细考虑未来可能性的都是男孩子。

枝子的男朋友也是这样，可枝子的态度完全不一样。

枝子在听到男朋友说不要谈未来之后，细细收拾好失落和难过，认真地问为什么？

喜欢讲事实摆道理的男友就给枝子普及起来。

两人身在外省大学，又是姐弟恋，隔着时间和900多公里的距离，枝子需要先到一个地方安扎下来，然后静静等待男友的到来，再经过工作和家长的磨合，才能真正有靠近未来的可能。

男友说了那么多，最后总结陈词落下了，"我不是不想有未来，只是珍惜现在更好一些。"

感情强加上房子、车子等未来的期许，就像我同你讲一个笑话，你要上纲上线，政治加身，渲染的面积太大了，收拾起来也累。

与其浪费时间苦于纠结他到底想不想和我有未来的问题，不如把幻想的未来落实，至少给对方一个能拥有未来的机会。

毕竟我拿着面包说，我快要娶你，比我画了一个饼让你充饥，总有一天我要娶你，更有信服力不是吗？

03

在一起很容易，你脱口而出的我爱你、我中意你、我喜欢你之后，就可以成就一段关系。

但经营恋爱很难。

尤其，当恋爱套在大学这两字里，就变得不靠谱多了。

毕业季可以是分手季，前一秒还能坚持说爱你，下一秒别的女孩又成了唯一。

星爷的第一任女友娟妹离世时曾说，"如果你想做到人生无憾的话，好好去生活吧，好好去爱吧，不要给自己后悔的机会。"

星爷在接受柴静的采访时，他改了口，"一万年太久，只争朝夕。"

爱情这件事情如果现在不做，未来真的来不及。

抓住现在的每一分每一秒努力，才是对未来最好的回答。

安全感、金钱都是附带品，爱才是本能。

先是人海重重被你眼眸勾了魂，我才甘愿计划给你遮风挡雨。

世界上最没用的事就是絮絮叨叨说些假大空，从来没有真正想要做。

只有脚踏实地，才能仰望星空。

而不是你幻想未来，就会有未来。那是做梦，不是现实。

听过这么一段话，"你说你喜欢月亮，当明月挂在天空时，你却说你要拉上窗帘。

你说你喜欢下雨，当毛毛细雨从天而降时，你却说你需要雨伞。

你说你向往未来，当未来变成了现在时，你却说你很希望回到过去。"

可是过去了就真的过去了。

如果你真的爱 ta，就不要让爱情成为过去，做有情人该做的事情。

未来太远太模糊，珍惜眼前人。

我可不就栽在你身上了

（野火／文）

01

有人曾问我，这世界上最好的爱情是什么。

后来我看到一个回答，觉得很有道理。这世界上最好的爱情，并不是才子配佳人，也不是白富美找高富帅。而是你明明在等白马王子，却偏偏被个小混混给收了心；你本来一心觅帅哥，却栽进个胖子的感情里难以自拔。

如果你的心是一把锁，那就会有一把莫名其妙的钥匙来打开。

这就是爱情。

佳佳从前总是给我们念叨，"我以后的男朋友，一定要长得高，长得帅，情商不能低，而且唱歌还要唱得好听。"

可是有一天，她挽着一个男孩子走到我们面前，却长得不高也不帅。后来佳佳和我们说，我知道他长得不算好看，情商不高还常常惹我生气，想给我唱首歌跑调还跑到了天边，可我偏就爱死了他笑起来的阳光模样。

02

我们都以为我们是按照心里的那个样子去寻找的心爱的人，但其实不是。

是心爱的人出现了，心里那个形象才突然具体了，鲜活了，才忽然有了真正的定义。

在《春娇与志明》里，余春娇说："我原本真的想找一个和你完全不一样的男人，但不知不觉，我变得和你一模一样。我很努力去摆脱张志明，最后我发觉，我成了另一个张志明。"

在剧情片段里，有一段我记得很深刻，余春娇说："我真的比你大的。"张志明说："但我真的比你高。"

在电影里，余春娇遇到了她的理想型 sam，一个成熟稳重能给她安稳生活的男人。张志明遇到了他的理想型优优，身材火辣，温柔体贴。

但是，明明对方完全是自己内心会喜欢的那类人，却因为已经遇到过那个让自己怦然心动的人，便再也给不起全心全意的喜欢了。

03

再回到剧情之初，春娇遇到志明的时候，最初的好感来自他给她点的一根烟。

我可以相信，一开始的余春娇并不知道未来的自己会那么喜欢张志明，也不知道自己将与眼前这个人持续八年的爱恨纠缠。

但我也相信，他们的第一眼相见，就在彼此的心里点燃了一颗小小的火种。以至于后来越燃越烈，发展成连他们自己都没想象到的爱情。

我们喜欢的那个人，从来都不一定要符合我们曾经定下的重重标准，但那些标准本来不就是些无关紧要的东西吗？重要的是本来就只是我们自己的喜欢罢了。

很早以前我看过这样的一段话——

"很多时候，一见钟情的这个情，是源于自己。自己崇敬的、喜欢的、不具备的，也有可能是具备的那种精神形态品行，就是那种众里寻他千百度，突然就出现在眼前，你就知道这个人就是你一直期待的那个人。"

04

其实，很多时候，就算我们在心里把那个未来的爱人勾勒出千百种模样，也永远抵不过某个人在某一瞬间，突然出现在我们的眼前。相识然后相交，于是一见钟情终于变成日久生情。就算他与想象之中完全不符，那又有什么办法，我可不就栽在你身上了。

如果有一天，你喜欢上一个完全没出现在你计划里的人，你也无须质疑或是惊讶，因为，那一定才是你最真实的喜欢。

这个世界上，最难说得清楚的就是喜欢，如果有比它更难说的清楚的事情，那一定是爱。

"再平凡普通的事情，一旦与你相关，我就相信是天注定，因为在庸碌琐碎的一生之中，我宁愿所有的好运气都是用来遇见你。"

人的一生中，有多少个八年。又有多难得，这八年都与一个人牵扯。

你要相信，无论你觉得自己有多么平凡无奇，总会有一个人，跨越山和大海，穿越拥挤的人潮，只为遇见你。

你点的赞，我都认真当成了喜欢

情人节那天，男朋友送了我一瓶 *Dior* 香水

（野火 / 文）

01

闺蜜昭昭常常和我吐槽她的男朋友。一个直男男朋友。

直男，一直是一种很神奇的生物，每个人的朋友圈里总有那么几个，他们常常活跃在女性的口中，且出口一定是带着嫌弃的语气。

直男，可以说是女性的天敌，他们最强的技能是，能把你气到爆炸，却还眨巴眨巴无辜的小眼睛不知道自己做错了什么。

闺蜜昭昭就有个这样的直男男朋友。这个直男男朋友常常气得她感觉自己都要少活几年。

就比如他们第一次出去约会的时候，昭昭花了一个小时化了一个美美的妆。

约会的时候，男朋友深情地看着她的眼睛，她以为他要亲下来，紧张地闭上了自己的眼睛。结果男朋友一下就把她的双眼皮贴给撕了下来，还很得意地说："昭昭，我看见你的眼睛上有点脏东西，我帮你拿……"看到昭昭冒火的眼睛才把声音渐渐小了下去。

昭昭说，当时那一瞬间，她真的想把眼前这个男人大卸八块。

02

还比如昭昭的男朋友不可言说的拍照技术。

有次他俩去一个地方玩，昭昭觉得这个背景特别好看，就想让男朋友给她拍几张照片。结果要么是把一米七身高的她拍成了一米五的即视感，要么是灯光打在脸上形成一种莫名的诡异感，要么是半睁不睁着眼睛抓不准时机。

几次之后，昭昭终于放弃让男朋友给他拍照。拍来拍去还不如自拍靠谱。

而且昭昭的男朋友还不知道节日。

那会儿他们刚在一起不久就是情人节。那天昭昭等了一天，从早上还期待着男朋友的小惊喜到晚上开始旁敲侧击地提醒男朋友。后来一直到了晚上十点，男朋友居然还没有任何反应。

昭昭难受得很，刷着朋友圈里各种秀恩爱的段子更是觉得自己委屈。

第二天昭昭凶巴巴地站在男朋友面前，质问说："你不知道昨天是情人节吗？！"男朋友回道："我……我不知道啊，昨天是情人节吗？情人节不是七夕吗？"明明觉得心里有一团火，却发泄不出来，大概就是这种感受了吧。

还值得吐槽的是昭昭男朋友的直男审美，就说昭昭前段日子买了件格子裙，走的是复古路线，男朋友居然说："你这衣服是你妈妈穿过的吧，看样子有些年头了。"

昭昭差点儿又没忍住把他打上一顿。

诸如此类，但是虽然昭昭常常嫌弃他的直男男朋友，却从未想过要和他分开。

03

昭昭说，其实一个直男的喜欢，会让你有一种非常真实的感觉。

闺蜜聚会的时候，CC 说过一句实在话："等你们遇到那种人，就知道直男那个实在啊，感天动地。"

一个暖男，总会让你怀疑他是不是对每个女性都如此，有一种轻飘飘的不真实感。因为他太懂也太到位，知道女生在意的各种点，只要他愿意，可以周到到让你无话可说。

直男则不同，也许他不会那么多哄你开心的手段，也尝尝会 get 不到女生在意的点。但直男最大的优点是，他若是喜欢你，便只会一门心思对你好。

昭昭说："他不懂化妆，有时候涂个口红他还会调侃我像是刚吃完小孩，后来他也见过我素面朝天的样子。但他会很认真地对我说：'昭昭，其实无论你什么样子，我都觉得你很好看。'"

昭昭说："我不是一直嫌弃他不会拍照吗？但后来他居然开始主动提出要给我拍照，而且拍的还越来越像模像样。后来我才知道，被我嫌弃之后，他就开始各种研究怎样拍照才能把人拍得好看。他说：'我知道我拍照不好看，但是没关系。只要你喜欢，我就去学。'"

昭昭还说："我们第一个情人节不是错过了吗？第二天他才知道前一天是情人节。后来他捧了一束花给我，站在我面前说：'昭昭，对不起啊。我不知道昨天是情人节。但是我现在知道了，以后我不会再忘记了。'"昭昭说，虽然送花好老土，但是她却忽然不生气了。

很长一段时间里，男朋友送的礼物都没有得到昭昭的欢心。结果一段时间后，男朋友居然也开窍了似的，开始送口红香水。

昭昭很奇怪地问怎么会开始送这些，男朋友很不好意思地说，他在知乎和微博上搜应该送女生什么礼物，就查到这些。

昭昭说，越到后来他越觉得，其实直男的喜欢有时候也非常可爱。

他们的那种感情，是热烈而笃定的。喜欢你的时候，你能感觉到，他的眼睛里就只有你一个人。

04

我们对直男的印象常常不太好，他们理解不了女生的矫情，也学不会合适的说话方式。常常耿直脸说一些很认真的话，却让你感觉不懂风情。

他们不懂得什么叫浪漫，不会各种手段哄女孩子开心。若你难过，他除了陪在你身边给你一个拥抱就不知道还能做些什么。

但是直男最大的优点是，也许他常常会因为一些事惹你生气，但他一定会铆足了心力对你好。那些因为对女生不够了解，心思不够细腻而做下的小蠢事，其实早就在他一门心思对你的善待中消泯了吧。

直男啊，即便很多时候他想对你好却用错了方式，却也会始终不弃地在尝试和摸索中寻找怎样才能让你开心的答案。

直男喜欢一个人，没有那么多其他的心思，他对你的所有心思是，怎么对你好，怎么对你更好。

"我的直男男朋友啊，可恨又可爱。"昭昭说。

其实，很多时候我们不要用直男的标签去定义一个人，很多人也许是我们很多人口中的直男，但当他喜欢上一个人，他就不一样了。

谁都免不了俗，爱上一个人，就变成了最好的样子。

和你相比，别人都不重要

蔡康永对小S说："不管你站在哪边，我都站在你这边。"

小S在蔡康永宣布不再主持《康熙来了》的时候发微博："所以，亲爱的，我们就共同进退咯。"

好朋友，是永远站在你这边的。

01

我和心仪是三年级认识的，她是我的新同桌。我是转校生，再加上小时候不爱跟人说话的缘故，刚到新班级那段日子，经常被调皮的男生捉弄。

每次心仪就挺直她的小身板，挡在我面前喊："再吵她我就要告诉老师了！"然后拉着我往老师的办公室走，甚至有时候还会和男孩子们动手。

有一天放学，她特骄傲地跟我说："别怕，有我。"

小时候并不懂得，那些调皮的捉弄如果没有心仪挡着，很有可能演变成校园暴力，变成童年里一抹灰色记忆。

但无论是什么年龄，当有人跟你说"别怕，有我"。你都会觉得超级心安。

黄子佼上《康熙来了》时，蔡康永对小S说："在你没有批准之前，我完全不看黄子佼写的东西。"

或许有人会觉得幼稚，可好朋友，就是这样，不管是谁站在你的对面，我都陪在你身边。

我和心仪，还有另外一个女生 L，有好几年都是铁三角的亲密关系，但是后来，我和 L 闹掰了，心仪也再没和她有过往来。

我是个后知后觉的人，从来没有想过她们俩是怎么变得疏远，直到有一次，我另外一个朋友好奇，问了心仪然后告诉我，因为她觉得 L 让我不开心，所以也就和 L 少了联系。

友谊的奇妙之处在于，我更喜欢你，就要对你更好，所以当铁三角有一方塌掉的时候，整个关系就会失衡，有一方会更偏袒其中一方，在比友情深，比爱情真的这样一份情感面前，是毫无公平可言的。

和你相比，别人都不重要。

02

那年大东和人在操场上打架，李航买早餐回来撞见了，把牛肉粉扔进旁边的大垃圾篓里，冲上去给了对方几拳。

老师厉声呵斥李航："我是怎么教你们的，看到同学有冲突，你非但不劝架，还上去帮忙！"

李航昂着头看着老师："打的不是你儿子，你是不心疼，我是不能看着他欺负大东的。"

后来两个人被罚，站在办公室外面，大东说："看不出来啊，你这瘦杆子打起人来还挺有劲的。"

李航笑了笑，说："我也没想到，两下就把那小子打趴下了。当时就想着，不能让你输，倒是我们俩的早餐没了。"

大东说："谁是谁儿子？！"

李航憋着笑，拍了拍大东的肩膀。

大东说，那个时候他就认定了，要和李航做一辈子的好哥们儿。

好朋友就是在你遇到事情的时候，小马达全开的人，易燃易爆炸。

没有什么各让一步，息事宁人，该掐架就掐架。

因为，只要站在你的身后，就不能让你输。

03

《我的前半生》里有一个情节打动了我，陈俊生和罗子君要离婚的时候，陈俊生对唐晶说："我以为你一定是个讲道理的！"

唐晶嗤笑，说："讲道理？我不会任由我最好的闺蜜被你们欺负成这个样子的。你们等着你们的报应吧！"

而唐晶在罗子君哭着跟她喊"你能不能不要对我指手画脚，你说两句安慰的话好吗"的时候，告诉她："安慰体谅，那才是事不关己的态度。"

因为是最好的朋友，所以在你深陷泥潭的时候，我希望你清醒一点，认清现实。

也恰恰因为是最好的朋友，在你被欺负的时候，我不需要讲任何道理，只想护犊子一样护着你，而那些是非黑白、孰对孰错，等关起门再来说。

不管你做了什么，首先，你是我的好朋友。

04

王小波在《黄金时代》写道："只要你是我的朋友，哪怕你十恶不赦，为天地所不容，我也要站在你身边。"

　　好朋友的相遇，最开始都是靠缘分，后来却是因为每一次在那些需要援助和鼓励的时候，都坚定站在对方身边，才成了自己选择的亲人。

　你点的赞，我都认真当成了喜欢

你套路那么多，活该遇不到真爱

（怀芝／文）

01

顺子跟阿虎实在是世界上最矛盾的一对情侣了，他们是世界上最相像的一对，喜欢同样口味的外卖，爱听同样类型的歌，看相同主题的电影，就连手机密码也是相同的图案，虽然顺子是又黑又壮的大高个，阿虎是又矮又瘦的雀斑妹，可他俩骨子里却像是一对双胞胎。

这两个家伙也是世界上最别扭的一对，今天顺子早起没发早安要吵一吵，明天阿虎约会不上心也要吵一吵。加上阿虎是个表面粗糙、内心复杂的戏精，看上去对这个白捡来的男朋友一点儿也不当回事，心里比谁都在乎，半个小时没回消息，肚子里酝酿出来的剧情能把爱情、恐怖、灾难、苦情伦理剧都轮着演上一遍。

阿虎可能是这个世界上最没有安全感的人。从她开始恋爱的第一天起，这个情场新手就陷入了一个令她慌乱迷局里，她本来就不聪明，遇上感情这种复杂的事情，更是方寸大乱。

作为朋友，许多时候她的笨拙让我看着都着急。

记不住顺子不爱吃辣，认不清顺子的鞋子是42码，连"5·20"都憋不出一句"我爱你"来。

02

阿虎变得奇怪并不是一两天的事情，可我却是到最近才意识到事情的严重性。

平时好动得甚至有些闹腾的阿虎突然安静了下来，每天盯着手机不知道在看些什么，我再三逼问才知道她最近正在仔细地研读各种恋爱攻略，想要尽快学会恋爱的方法，好减少和顺子之间的冲突，尽快让他们的感情走上正轨。

这话听得我肚子里一股无名火起："怎么才算走上正轨？"我站起来端着半罐啤酒恶狠狠地推了推她的脑袋。

恨铁不成钢啊，恨铁不成钢！

阿虎萌萌地看着我，我借着酒劲儿又往她的脑袋上推了几把。

"你以为爱情是什么？爱情是场美好的灾难，是甜蜜的变数，灾难懂吗？变数懂吗？就是突然，就是莫测，就是一不小心就来了，还没看够说不定就走了！"

"重点，重点！这灾难还只有运气好的人才赶得上送死懂吗？什么狗屁攻略没用！"

我借着酒劲对她咆哮着，口水大滴大滴地往外喷。我充分运用我中文系学生的专业素养，几句话呕出来把我自己感动得不行，一边骂骂咧咧一边坐回花台上抹眼泪。

阿虎这个蠢货又一脸无辜地凑上来给我擦脸，被我一把把她的蹄子打开了。

"边儿去，我自己缓会儿先。"

你点的赞，我都认真当成了喜欢

03

我和顺子是高中同学，是好得不得了的朋友，要不是我，顺子和阿虎也不会认识。

我到现在都还后悔，当初去顺子的生日聚会，要是没带上阿虎这个拖油瓶，保不齐我和顺子就成了。

可惜谁又想得到呢，阿虎跟顺子一见面就对上了眼，我这个多年的好朋友只能把早就构思好的表白憋回去，顺带为我两个朋友的一见钟情含笑鼓掌。

我不嫉妒，但是却做不到不难过。

我心里的滋味就跟韭菜味的馅饼蘸了醋似的，又酸又臭的。

我一度以为感情就是一场模式化的套路，在我的长期陪伴下，顺子也没办法拒绝我的表白，咱俩一好上，我就展开甜蜜攻势，小裙子配蕾丝 bra 还怕他不从我？然后是做便当、私人影院、朋友圈秀恩爱……我翻遍了几乎所有的恋爱攻略，在心里早就有了一个周密无比的恋爱计划，我像一只大蜘蛛，一丝不苟地编织我的甜蜜陷阱，就等顺子这只绿头苍蝇撞进来。

事实证明，所有的费尽心机都抵不过一个选对日子的意外。

阿虎的出现打破了我规划好的所有流程，从根本上扼杀了我对顺子的非分之想。

我眼睁睁看着这个笨丫头用丝毫没有技术含量的拥抱和亲亲俘获了他，看着阿虎脖子上的草莓颜色越来越深，看着这个傻乎乎的姑娘偷偷跑去食堂借阿姨的电磁炉给他煮梨。

事实上顺子的表现也不尽如人意，一开始他不懂哄人，往往一脑门钻进牛角尖里就不肯出来，有时候想要做点别的事连招呼也不打一声就消失，搞得阿虎每天内心写剧本，几番折腾下来差点掰了，可后来这货慢慢长厚了脸皮，会黏人了，上哪都会发条消息报备，会挑漂亮的口红送给阿虎，还会时不时来两句土味情话，我听着恶心不已，阿虎倒是受用得很。

我第一次觉得释然，在这场或多或少有些笨拙的感情背后，他们在成长，在学着体谅而不是讨好；学着理解而不是迁就；学着懂得而不是附和。

所以阿虎要学套路，我绝不能忍！

04

世界上最深的套路，就是没有套路。

所以，解决问题最直接的方法，就是把顺子这个蠢货找来！

操碎一颗少女心啊……

"看看看看，你女朋友多了不得啊，为了你忙着降 pu 升 mv 呢！"

顺子漫不经心地喝着可乐、玩着手机，抬起头顺口问了一句："AV？什么 AV？"

那一瞬间我真想把自己高高翘起的二郎腿甩到这货脸上去。

我愤怒地把顺子手里的手机抢了过来，这货跟阿虎在一块就从来不掏手机！

我生气地把一本又一本情感教程丢到顺子面前，他随手一翻，五官就开始出现了极其微妙的反应。

"在她眼里我难道是这么没有意思的人？如果她和我恋爱用这种套路，那我们的爱情不就变质了吗？"顺子耸了耸肩，把书全都推到了一边。

"我和她常在一块腻着，那就自然会吵架，可是吵架了一定会和好，这样的生活有更多的变数，虽然猜来猜去对于我这样的人来说很难，但只要是她，我也乐意啊。"顺子一边说着，一边赌气似的灌了一大口可乐。

这家伙，谈了个恋爱变得真恶心啊……

我拍拍他的肩膀，语重心长地劝道："你得去和她说啊，你这儿看不上这些玩意儿，那个傻子还沉浸在套路里沾沾自喜呢。"

顺子点了点头站起来拨通了阿虎的电话，不一会儿那个矮姑娘就冲下了宿舍楼扑进了他怀里。

虽然心里酸酸的，但我很开心。

05

我不知道自己的下一春在哪里，但我明白许多我说给顺子和阿虎的话，我自己也得听，我最会讲道理，但是说教和实操之间，还缺一个对的人。

感情像是一件锋利的玩具，危险又乐趣无穷，身处感情之中的人必须学会忍着疼痛去探索，而不是到处搜寻攻略。在失去顺子后的无数个日日夜夜我常在想，即使真的跟顺子走到了一起，我能收获像阿虎那样的幸福感和满足感吗？我的套路真的能让我的爱情生生不息吗？

生活已经够平庸的了，幸运的人才能遇到爱，那是人生这个黑口袋里不可多得的惊喜，我们没必要再把它投进套路的深海里去涮洗，就让它以最原本的姿态温暖我们、伤害我们、陪伴我们、抛弃我们吧。

我不介意孤独，但爱你也很舒服

01

收拾房间的时候，找到几本没看完的书。其中有本红色封面的，依稀记得是高中时候在家乐福的打折书架上随手带的。

边自嘲着自己总热衷于买书却经常看到一半便闲置，边随手将此书翻开，看到扉页粘了一条正方形的便利贴，上面写着"Sorry"，下面一行让人一时难以意会的句子。

奇怪于我干吗要写张这样的便利贴粘在这儿，再看一眼，发现不是自己的笔迹。正想忽略继续往后翻时，却突然就想起这个像男孩子般棱角分明的字体来自谁了。

02

她是我高中的一个好友。那时我们形影不离，用"如胶似漆"来形容也毫不过分，两个人好得经常被班里男生开玩笑说"你俩该不会是拉拉吧"。

中学时代女生的友谊往往从下课一起上厕所开始，从其中一方下课跟别人上厕所慢慢终止——现在看来幼稚无理，但那时却是实实在在的友谊信条。

那时候，女孩子们交朋友，总是要分出个"最"来——我是不是你最好最好的朋友？

　　可是为什么，你跟另一个女生去吃饭了没等我，你周末跟另一个女生去逛街了没跟我说……可这应该是跟最好的朋友做的事儿呀。

　　然后，开始一点点地不满，矛盾一点点地堆积，所有坏情绪终于在一个可怜的时机爆发出来，让两人形同陌路。

　　别笑，十四五岁女孩子间的友谊，可以比爱情还自私。

　　也别说我们小心眼儿。像那样对所有感情都摸不清的年纪，那些成天泡在书里的日子，任何一种感情都来得复杂又强烈。

03

　　决裂之后，相互发过长长的文字道过歉。但两人都深知这次不似以前的小争吵，毕竟是相互知根知底的人，后来也就默契地慢慢淡了联系。

　　毕业后，便再无交集。

　　那个小便笺，想来也是那段决裂后难挨的日子里，她偷偷放在我书里的。

　　那段日子，混沌、黑色，一度对友谊失去信心。

　　表面上还是嘻嘻哈哈、插科打诨，暗里却刻意疏离那些主动靠近的其他朋友，以为这一定是人生中最黑暗的时光了。

　　然而现在我静坐在椅子上细细回忆了事情的始末，终于只是笑着摇摇头，内心再无波澜。

04

之前有次跟男友坐在屋顶听歌、晒太阳，不知道为什么就难过起来，难受得把鼻涕、眼泪直往人家衣服上蹭，矫情得自己都受不了。

想起小时候每次跟妈妈睡觉，她抱着我的时候，或者以为我睡着亲我额头的时候，我都会忍不住偷偷难过好久。

那时候爸妈不和经常闹离婚，我最害怕的就是哪天早上醒来，我妈就走掉了。

这是什么毛病呢？来自重要的人的一点点恩惠与爱怜，都会被我无限放大，然后因为害怕失去而兀自难过起来。

后来有一天听歌，看到评论里的一段话，大部分的原话已经不记得，只记得总结起来就是，"没有谁能陪你走完这一生，人生来孤独又何惧孤独"。

突然就明白了那些自己认为的暗无天日，那些莫名其妙的情绪，是怎么来的了。

05

十四五岁的小女生喜欢确认"我是不是你最好的朋友"。

恋爱中的男女喜欢一遍遍追问"你爱不爱我"。

"陆上的人喜欢寻根问底，虚度了大好光阴。冬天忧虑夏天会姗姗来迟，夏天则担心冬日将至。所以他们不停四处游走，追求一个遥不可及、四季如夏的地方。"

《海上钢琴师》里有这么一段话：

可其实啊，大多时候，这样的寻根问底并不是为了一个答案，因为问时答案你已了然于心。

不管答案肯定与否定，我们为的只是那个知道一定会听到的答案从对方口中说出来时，那种不会落空的感觉。

这段被"虚度"的大好光阴，到底还是大好光阴。

我们不介意孤独，但爱一个人也很舒服。

06

终归没有谁能伴谁走完这一生，不论父母、朋友或恋人。

有时是阶段性的来来去去，有时是人无能为力的生离死别。

所以当下很重要不是吗？

当重要的人还在身边时，你就要让他知道，不管是下雨的夜晚还是冬天的清晨，你都会在身边陪伴着他。

如此，不管事情怎样难料，不论是离开了你，姑且不说离开的方式，短暂或漫长难挨的日子过去，你还是会记得，朋友们也曾一起在人来人往的街头不顾形象地坐在路边吃雪糕，恋人们也曾在受委屈的时候趴在对方肩上大哭一场，家人也曾在你无助的时候说"还有我嘛"。

珍惜眼前人。真的。

只因任何一段感情，当你拥有它时，便是感情本身最好的样子。

他每说一次爱我，我都深感愧疚

（皮柚/文）

01

大二的时候，我在一场班级联谊上认识了现男友，现在是我们认识的第200天，这个数字是他告诉我的。

在联谊活动上做游戏，我故意选择和他搭档。因为那个汉子班里，只有他无论是长相还是衣着，都符合我的审美，后来才知道，他曾经被偷拍过几次，上过学校的表白墙。游戏过程中，他靠近我的时候，我暗自庆幸出门前喷了好闻的香水。后来回想起那一刻，我清楚自己是有意识想要去取悦。

和所有俗套的联谊流程一样，散了场，我们互加了 QQ 和微信。每天都聊天，聊到第三天的时候，一起出去吃了饭，交换了恋爱史。他有过一段三个月和一段半年的恋爱经历，我说在高中和人谈了一年，其实我骗了他，我是在初中谈了两年半。不知道他有没有骗我，我不在意。

02

第六天吃饭看电影，第七天看电影吃饭，吃点心的时候，他停下来问我：

"我们要不要在一起试试？"

"嗯？好啊。"

简单得像是在商量吃完要不要打车回学校。

诚然，不是我有多淡定，在那之前我已经和室友讨论过很多遍我们应不应该"成"。她们翻过了他所有的社交软件信息，也看完了我们所有的聊天记录，一致认为他颜值中上，衣品中上，平时生活还算有趣，是个"体面"的选择。分析，举证，得出答案，我们一起完成了一道并不复杂的题目。

确定两个人之间的亲密关系仅仅用了不到一周的时间，当然，在我认识的同龄圈里，这样的速度也只能算正常。

"到时候不喜欢再换嘛！"

03

大家近乎一致认为，现阶段的我们，比起考虑一段恋情的长久性，及时行乐更为重要。

确定了恋爱关系的当晚，我们各自在空间和朋友圈发了暗示自己已经脱单的动态，接受了一波"999"的评论。就像是一个仪式，宣布我们正式脱离了单身队伍，这个仪式的正式程度和那晚的告白一样，计划之内的，毫无新意的。

再后来，我们和所有情侣一样。平时一起吃饭拥抱，他接我下晚自习，我看他打篮球，周末一起逛街、吃饭、看电影，偶尔会有短途旅行，白天拍照，晚上睡觉，结束旅行之后我会把图片修好再发给他，然后各自发动态。在看客们眼里，我们颜值般配，家庭条件相当，是挺标准的一对，事实也是这样，谁也不知道，我远没有他们想象中快乐。但那些称赞、祝福，实在满足了一个女生的虚荣。

在某次旅行的时候，他问我以前一个人出来玩都是怎样的？我嘻嘻哈哈说就那样嘛，脑海里却是大一自己坐了 11 个小时的火车硬座，去找高中结识的笔友的情形。我们喝了白酒，我穿着裙子跟着他翻栏杆，坐在江边吹了一晚上的海风，听他讲自己爱而不得的姑娘，听他唱自己喜欢的民谣。

04

一个人的日子也还不赖，只是偶尔需要两个人。尤其在身边的朋友接二连三脱单之后，我再也不想做"特别"的那一个。"为了脱单而脱单"是个很俗的念头，但没办法，我确实很俗。有时候承认自己不过就是个普通人，生活要容易得多。所以，让他走入我的生活，恰好是"我需要，他合适"的结果。

在他快过生日的时候我问了好多朋友应该怎么做，最后选择了最适合我们这段感情的方式——发红包。既能保持仪式，又不用上演深情。他生日那天晚上，他请他的朋友们吃饭，也叫了我的室友，她们都借口拒绝了。"要是你们分手，以后碰上就尴尬了。"大家都预测着，我们走不远。和他的朋友们吃完饭之后回校，路过奶茶店，他非要给我去买奶茶，让我站在那里等他，他又忘记我不吃红豆。当然，我从来没有责怪过这一点，我也还是还不弄明白"吃鸡"规则。

他说我们俩再走一走吧，我知道他的意思，他想要亲热，可我真不喜欢他喝得半醉的样子，和大街上任何一个醉汉一样，糟糕极了。我说自己特别累了，想早点回去休息，在寝区门口分别的时候我们接了吻，我在心里默数了 15 下，比平时多了 5 下。他应该不会知道，那也是我送他的生日礼物，就像他不会知道，我不喜欢接吻时间长，不是因为害羞，而是我没那么喜欢他。和往常一样，我没有直接回寝室，而是去了天台，抽了三根烟，听了不是他喜欢的类型的歌，抽烟这件事，是初恋教会我的，当时自己还觉得挺酷。他不知道我会抽烟，我清楚他不需要一个会抽烟的女朋友，也不需要一个很酷的女朋友。

05

有段时间，有个艺术学院的漂亮女生很缠他，当风言风语传到我这里的时候，我都站在他的角度说话。诚实来说，这不是信任，而是至今为止，我还没在这段关系里有过热恋的感觉。

我的教养让我扮演好一个"女朋友"的角色，作为他努力做好"男朋友"的等价交换。我甚至想象过他们在一起的样子，确实很般配。

"生日快乐，以后幸福。"抽完最后一根烟的时候，我给他发了消息。他回道："和你在一起就幸福。"那个晚上，我失眠到凌晨，我从未把自己归入他的"以后"。在我的计划里，一直按这样的状态下去的话，我们会在毕业前夕和平分手，如果他喜欢上了别人或者我喜欢上了别人，又或者我们有了其他需要考虑分手的原因，那我们就提前分手。

第二天醒来，我告诉自己：他和我一样，在配合演出。这样，我们就互不相欠。而事实证明，我在自欺欺人。这场游戏，他认真了。

06

前天下了一场很急的雨，我们被困在了从我寝区到教学区的路上，很多情侣，两个人靠得紧紧的，躲在一把伞下，走在雨里。我看了看他，他满头大汗，而下雨之前闷热的天气让我的皮肤也变得黏黏的。就在我放弃说出自己有一把太阳伞的时候，他却已经冲进了雨里，"我去拿把伞！"他朝我喊。

他感冒之后问我为什么看起来比他还不开心，温柔的语气就像甜甜的奶泡。"就是很担心你咯！"我没说的，真实原因是：我发现他动了真情。

我害怕了。

曾经看着身边的人一个接一个迅速投入恋爱，我以为我也能及时行乐，全身而退，以为自己各取所需的计划完美无缺，他却偷偷改变了原始条件。

到头来，以前是假的怕孤独，现在是真的怕辜负。

你点的赞，我都认真当成了喜欢

别怕，我也单身了很久

（皮柚/文）

01

大抵是春天到来的缘故，最近学校表白墙上的"征婚"信息如雨后春笋，不断刷屏。

前几天，在各式"征婚"信息里，我发现了挺独特的一条，"性别女，条件男，大三老狗了，没有特别要求，差不多对上眼就行。"

在这条信息后面跟了很多评论，基本上都是大三、大四的同学在说，自己也挺着急的，想找个人谈场恋爱，想拥有一个完整的大学生活。

不怕笑话，同为大三的我，也还没遇见和自己"臭味相投"的人，也曾在某一段时间觉得这是挺恐怖一件事，也曾在某些时刻很想找一个男朋友。

比如，要把行李箱从一楼搬到六楼的时候，在奶茶店发现第二杯半价的时候，室友都去约会，留我一个人在寝室的时候，或者，受了委屈又不敢告诉爸妈的时候。

我都在期待着，有个人帮我一把，或者陪我一会儿。

但是即使自己天天把"要找一个对象"挂在嘴边，却从未真正想过，随便找个人谈一下就得了吧。

谈恋爱，不是要求，是选择。

02

身边很多朋友，都把"谈恋爱"列为大学必须完成的事件之一，大一、大二谈了自然好，到了大三还没脱单的，就开始着急。

于是到了大三大家就开始排队打卡，朋友圈陆陆续续"脱单告示"放出，这些告示往往是毫无征兆的，不是因为隐瞒了恋情，而是大家都着急去确认一段关系。

有一次和同样迅速脱单的菜菜聊天，她说就是觉得男朋友长得还可以，就在一起了，两个人的爱好、三观都不同，平时除了偶尔一起吃个饭、看个电影，都是各忙各的，她明确表示，和自己的男朋友毕业就会分手，我问为什么那么肯定。

"没感情呗，大家就是现在做个伴，毕业就和平分手了。现在不是都这样吗？"

"那你谈什么恋爱？"

"周围人都脱单了，自己一个人好像很奇怪。"

不得不说，我们这一代人，活得挺尿的，怕挣得不如同龄人多，怕找对象没有同龄人快，怕自己不突出，又怕自己太独特。

于是完成任务似的，年轻的男生女生们，把自己和另外一个并不相爱的人绑定在一起，向周围人宣告："我脱单了！"

两个人凑在一起，表演一场别人根本不关心的戏剧，挺无聊的。

要是菜菜这种，各取所需，最后和平分手的，倒也还好，及时行乐，相安无事，很符合这个快餐时代。

但任何游戏都怕假戏真做，二十上下的年龄，内心盛满了爱和期待，一旦真正和一个人走近，很难做到理智保留，全身而退的都是少数。

03

楠楠就是这样，在一场班级联谊上认识了一个男生，当时正好全寝室只剩下楠楠一个单身了，于是就和那个人"试一试"。

起初两天也有小情侣的感觉，但是过了不久，两个人习惯、脾气上的不合拍就通通显现出来，楠楠的生活因为多出来的那一个人，变得凌乱不堪。

而且男生很强势，两个人牵牵扯扯大半年才分手，楠楠说，那是她过得最累的一段时间，那这种累，是无法被缓解的。

我不是说，谈恋爱有多么不好，我自己尚且是一个对爱情抱有美好期待的人。

只是我认为，那些怕自己被同龄人落下的朋友，那些才二十来岁就怕自己单身一辈子的朋友，不需要有过度的"单身焦虑"。

我们大可以看看自己身后的十几二十年，一个拉着沉重的行李箱从故乡走向远方，一个人看让人流泪的爱情电影，一个人熬夜完成一份任务……

一个人活得像一支队伍，在这个并不全是善意的江湖，执剑行走。

我们已经足以厉害了，我们值得被爱。

沈从文说："我行过许多地方的桥，看过许多次数的云，喝过许多种类的酒，却只爱过一个正当最好年龄的人。"

我们才二十来岁，往后的日子还很长。

假若那个人姗姗来迟，那就再等等他，在等他的时间里，我们可以把自己的生活酿成一壶更加醇香的酒。

去做自己想做的事，成为自己满意的人。

04

以前我很是羡慕那些谈恋爱的姑娘，会收到男朋友送的花，鲜艳又芬芳。有一天我路过花店，没忍住进去看，店主问我要不要买一束，我坦诚不知道该送谁。

"送给自己啊，女孩子啊，要多给自己买花。"

那一刻，好像突然解开了一个谜团，我为什么不奖励一下这么可爱的自己呢？

现在我保持着每周买花的习惯，不用多少钱，但带来的快乐，可以持续整整一周，看到那些烂漫的花，我就知道：我本值得。

这世上百分之九十九点九的事情，我们都是可以自己去完成的，去吃双份的冰激凌，去看一场日出，去拥有一段旅程。

你想要的，总会在前进的过程中，和你不期而遇。

05

小鹿的初恋也是谈了两年的现任，就是在演唱会上认识的。

为了去看自己心心念念的演唱会，小鹿自己手绘挣钱，从南飞到北，演唱会上跟着唱歌，又哭又笑。

当时她的男朋友就在她的旁边，被唱着标准英文歌的小鹿吸引了，后来跟着出场，聊天发现居然两个人在同一座城市上学，喜欢同一个歌手，都爱英文，一切都是刚刚好。

还有昨天看到，有一个做公众号的同龄人，现任就是自己的读者，有趣的灵魂如此相遇，两个人一起探讨文学、新媒体、写作。

生活向来是这样，你读过的书，走过的路，总会把你引向对的人。

酿好属于自己的酒，他寻着酒香而来，故事也就开始了。

06

单身了这么久，我反而已经没有那种焦虑的心情了，不再想"凑合凑合算了"，而是更加会期待遇到一个自己打心眼里喜欢，并且合适的人。

一个和我三观相近的人，有聊不完的话题的人，懂我的善良也护着我软肋的人。

在那个人面前，我可以无畏地说出王小波的那段话："我把我整个灵魂都给你，连同它的怪癖，耍小脾气，忽明忽暗，一千八百种坏毛病。它真讨厌，只有一点好，爱你。"

所以如果你也单身了很久，请你别怕，现在不将就，未来不依赖，这是我们能拥有的最好状态。

总有一天，我们会把一个人的日子都告诉他，看，我一个人也可以过得很好的，请你珍惜我。

该来的，不会缺席。

不合群的你一定很孤独吧?

（大黑牛/文）

01

曾经在知乎上看到过这样一个问题：被孤立的人生到底该怎么办?

其中有一个姑娘的询问让我印象深刻。

她说："我室友排挤我，我请她们吃了饭，给她们打水，跟她们追剧，可她们还是没把我当自己人，我该怎么办?"

一时有些心疼这位姑娘。

每天和不喜欢自己的人同住一屋檐下，还要这样放低姿态迎合去讨好别人，一定很累吧。

更何况，姑娘所做出的种种努力，也仍旧没能挽回舍友对她态度的丝毫好转。

想象你主动和她们说话，他们装作听不到的时候，大家都去教室上课却没人叫醒你的时候，时不时听到的一些含沙射影不怎么友好的话的时候。

于是，你知道自己被彻底地孤立了。

想问这姑娘做错什么了，让这些三五抱团取暖的人像避开瘟疫一样的孤立她。

她们新发现了一家小饭馆不会邀请你一起去，她们叽叽喳喳围在一起讨论的话题你一句都插不上嘴，她们周末相约去逛街的时候也从来就想不起来你。

不合群的你一定很孤独吧。

02

朋友圈里一直关注着一位自媒体小姐姐。

看她平时发的碎碎念都满满正能量：

终于养了猫，终于在北京这个寸土寸金的地方拥有了一个属于自己的独立房间，终于成为梦寐以求的公司职员……

周末的时候小姐姐还会 po 出自己在家做的牛轧糖，蔓越莓曲奇，有人喜欢她也会卖一点，有时也会给自己留一点。

看着一个姑娘如此努力，充满热情地编织自己的生活，而且看起来还不错。

我吃过小姐姐做的曲奇，后来开始尝试自己动手请教她一些问题，她也很乐意指点我。

闲聊中，我意外得知她大学期间和舍友并不很合得来。

"也不是合不来，就是觉得不在同一个范围，玩不到一块去。"

我不是很理解，像她这样生活积极充满正能量的姑娘，也曾是被孤立的那一个。

"刚做微博的时候，几乎就没有十一点之前睡过觉。

每天发微博找内容写文案都要忙到夜里十二点多了。

大家中午午睡的时候，我在忙着找素材。大家围在一起嗑瓜子看剧聊天，我在忙着找配图发链接。

………

很长一段时间里，大家三五成群的组队约饭时，我要去自习室占座位，因而错过了和她们一起讨论八卦的机会。

和朋友打电话用方言，她们以为我故意用她们听不懂的话骂她们。

学期末我拿了奖学金没有请她们一起吃饭，她们觉得我不够朋友。

我偶尔想要休息一下的时候大家又在热情高涨地打我看不懂的王者。"

然而只有小姐姐自己知道，她只是在专注地做自己喜欢的事而已。

她真的妨碍到舍友了吗，也没有。

我明白了，她什么都没错。不过就是和她们的生活习惯不同罢了，或者说是，从一开始就选择了"被讨厌"而已。

小姐姐说她从不在意别人怎么看待她，也从不关心她们的小团体进展到了哪一步。

生活不同不硬融。

她只想好好维护着属于自己的这一小片天地。

让它一点一点向下扎根，向上开出花来。

事实证明，她真的做到了。

在北京站住了脚，养了可爱的猫，也重新有了自己的朋友圈。

其实当大家反过来攻击你的那一刻，你就应该知道没有做朋友的必要了。

03

之前一直有说法"大学就是一个浓缩的小社会"，你能在里边看到人性的复杂与千姿百态。

班里 26 个同学，我和另外一个同学作为班里的插班生走得很近，因为我知道，我们身上有着共同点。

虽然大家并没有很针对我，但初到一个新的环境，本能的反应告诉我：我和她们不一样。

我不愿意把人际关系搞得有多么复杂。

相处一段时间，能开心地玩到一块是再好不过，若不能，也不会因此就黯然神伤。

毕竟，大家都很忙，谁会在意你的那点顾影自怜。

不会的。

04

知乎里的那个姑娘——

我告诉她不要再去想大家为什么会讨厌她，也不要一直在自己身上找毛病了，你一个人单方面地努力去配合她们，是永远没办法让她们接纳你的。

能够融入集体氛围中纵然是一件好事，可一旦发现很困难，也要懂得尊重自己。

一味地放低姿态去讨好别人，只会让大家更不把你放在眼里。

你要做的，就是找到生活中属于自己的节奏，在某一个领域里让自己变得强大起来，去找能给自己归属和更志同道合的朋友。

我不知道姑娘是否愿意为自己做出一点改变，她可能会想：为什么那个被孤立的人偏偏是我。

然而没有答案就是答案，撑不下去的时候也请给自己一个拥抱。

世界这么大，放宽眼界。

去尝试新鲜事物，去丰富自己的学识，去充盈自己的内心。

生活不会一直糟糕下去，你也不会一直被孤立。

要知道，任何杀不死你的东西，都将使你变得强大。

你点的赞，我都认真当成了喜欢

辑三

生活教会你最多的
是忍气吞声

那个"十佳"冠军在合唱团只是个干事

（加七/文）

01

刚开学，校会就开始准备"十佳歌手"的比赛了。正好这几天学院的"十佳"海选刚过，部门里有几个小朋友也去海选了，问他们表现怎么样。

橙子说自己没进复赛，因为评委说他高音不行，但是班里另一个唱得一般的同学却只因为那个评委说低音可以就进了复赛。

说到评委，我突然想起来去年的"十佳"冠军是我们班的同学，问橙子认不认识。

话还没说完就被他打断了，"他也是今天的评委，可他说了不算。"

因为去年的"十佳"冠军在合唱团只是个干事，而最后真正决定选谁的还是团长和副团长。

02

说实话，当时我并不喜欢橙子的态度。

明明刚进入大学，却带上了看透人情世故的模样，这种以职位区分人群的方式更加是老成得让人害怕。

看过知乎上的一个回答说，学生会里的干事说白了就是干事情的——签到，搬桌子，发短信……真正接触到资源，拥有决定权的人还是部长、副部长。

在上大学前就有好多人说，进大学一定要加入一个学生组织或社团，不然大学就白过了。

也有人说不喜欢学生会，因为那里有各种文件、工作要求，有自娱自乐的活动，还有需要搞好的各路关系。

后来上大学了，还是进了学生会，做了部门里的干事，觉得那时候的自己还挺傻的，什么活都干，什么话都听。

因为那时候，对任何事情总有一种新鲜感和热情，也是因为这种新鲜感和热情，让我不会那么在意职位与名分。

03

但现在，我们比以前更加喜欢效率了。

我们会在权衡比较之下选择付出更少、回报更多的事情去做，选择更加有话语权的人去交流，选择更加高效的方式。

如今的小朋友也很聪明，他们甚至比一些师哥师姐都更懂得大学的规则，深谙其中的技巧套路。但却少了一种朝气满满的可爱，少了一种让人想和他交朋友的吸引力。

他们清楚地知道部长和干事的区别，知道分工，更知道其中的权责区分，并用这些去划分身边的人群。

他们知道部长比副部长讲话有用，副部长比干事讲话有用，他们选择更"有用"的话语去听取，也选择更"有用"的人去交际。

他们有着很强的观察能力，捕捉其中对自己有用的信息，采取比较之下更合理的行为，比如在一件事中选择听话语权最大的那个人。

他们配合着，表演着，做精致的利己主义者。

04

任何一个组织都有着基本的职位级别，不同级别的分工不同，接触的人和事也不同。但在组织中分级的初衷是为了更高的效率，更好的执行效果，而不是用来区别对待。

每个职位有他应做的事情，事情有大小的区别，职位有高低的区别，但没有贵贱的分别。

特别是在大学，在最好的年纪，和人沟通相处时更不应该只看见对方那个职位。

过早地学会世故，学会走捷径，绝不是大学教育的初衷。

大学不是名利场，总有一天我们会走进社会，加班加点，匆匆忙忙，那时的我们可能穿着正装，一出口就是几句漂亮好听的话，甚至走到哪里都可以融入身边的圈子。

但不是现在。

我不赞成通过区分部长和干事的方式来达成高效的目的，也同样不希望表现或传递以职位来判高下的价值观。

在社会中的每个人有着多种的身份和职位，而某一刻我们所见的只能说明一个人在某个环境下的分工，并不足以成为判断一个人的标准。

05

选择效率没错，选择有用也没错，选择成功更没错，我们总是要步入社会，总是要学着搞好关系，学着自娱自乐。

但大学里的学生会和部门是给我们锻炼的地方，我们在这里会学习到课堂以外的技能，会认识到班级以外的人，体验到不同的人际关系。

没有人说进学生会就是对的或者是错的，也没有人鼓励在大学里做高岭之花。

有的人在学生会熬两个通宵帮忙录入资料，之后他得到老师搭线提供的实习不是对等的吗？

有人会读书，有人会做人，有人混日子，有人做小资……每个人追求不同，自然表现也不同。

只是我想有时候可以走得慢一点，体验凭一腔热情去做一些事情；慢一点懂得那些社会规则，选择做些有趣有意义的事，而不是花时间讨部长的欢心，走所谓的捷径。

我可能真的会养不起爸妈

（皮柚／文）

01

朋友科二挂了，很难过。让她难过的不是需要再来一次，而是需要再交一次考试费。

而这不便宜的考试费，又得爸妈来交。

她说，感觉自己在犯罪。

"我算了算，英语四级六级、计算机二级、驾考以及各种没通过的考试费用，觉得自己罪孽深重。"

她说，感觉自己什么都做不好。

我握着手机重重叹了一口气。

我爸问我："你又不用养家糊口，没有什么操心的事，怎么还老是唉声叹气？"

我笑了笑，说："没有啊，没事。"

我不知道该怎么跟我爸解释，正是这种在他和妈妈的完美庇护下稳稳当当的生活，时常让我觉得假得可怕。

02

前两天，我爸把学费转给了我，一万三千元，比学校通知上写的多了两千，他说："多的两千块给你开学买衣服，你也二十岁了，应该打扮一下自己，不扣你生活费。"

我看了看我爸，消逝的时光在这个男人身上留下了明显的印记，粗糙的皮肤，斑白的头发，褪色的衬衫，他已经快五十岁了，而我也早过了十八岁。

他大可以说："嘿，现在我可以不养你了，你自己看着办吧。"

甚至有那么些时刻，我期待他这么说，并幻想着或许那样自己就能一鼓作气，走上人生巅峰。

可是他没有，他只是经常念叨着，现在要多挣点钱，以后养老，不用我跟弟弟负担。

而我也没底气说出那句："没关系，我养你们啊。"

03

我把这些想法跟余桥讲的时候，他不断表示深有同感。

"我经常想，我的车、表、鞋、信用卡都是我爸妈给的，没有他们，我什么都没有。"

余桥是个富二代，在学校的时候经常有同学调侃他："你不用工作也可以啦，反正你爸妈有钱。"

"就是因为我爸妈有钱，所以我很怕以后我自己挣不了那么多。"

别人觉得这个开着豪车、穿着名牌、衣食无忧的人，是不会担心自己的未来的，殊不知他可能考虑得更多。

这个假期，余桥想找份工作去实习，锻炼一下自己，结果找了大半个月也没有合适的，"我似乎什么能力也没有，我不知道自己可以做什么。"

最后，还是余桥妈把他弄进了一家传媒公司，工资 1500 块钱一个月，用他的话来说是"连吃饭都不够"。

余桥说，以前在学校里用着父母的钱，过着舒适的生活，走在路上都感觉自己头上好像有光，而现在每天做着一份自己并不那么喜欢的工作，每天跟大家一起上下班，忽然觉得自己不过是芸芸众生中，极为普通的一个。

"离开父母的我们，都一无所有。"

04

余桥的话让我想起上个寒假和朋友一起去旅行，乘火车的时候，坐我们对面的，是一个带着两个孩子的妈妈，看得出还比较年轻，可是整个人都没有什么精神，衣服也是拧巴着套在身上，大一点的小孩一直在闹，把她的头发抓得乱七八糟，怀里的那个孩子在睡觉，却又不时醒来，并且一醒来就"咿咿哇哇"地哭，年轻妈妈便掀起自己的衣服给孩子喂奶，再哄他睡去。

好不容易等到两个小孩都安静一点的时候，她问我和朋友是不是打扰到我们了，很不好意思，这是个爱聊的人，我们仨便又顺着聊了会儿。她是带两个小孩回娘家过年的，自己结了婚之后就很少回家，她和老公家条件都很一般，婚后生活也很拮据，家离得远，车费贵，而且要忙着工作和照顾孩子，所以把回家看看的时间拖了又拖，这次回去也没让老公陪着，一是省钱，而是趁着过年工价高能多挣几天钱。

"以前自己做女儿的时候，也是父母的心肝宝贝，吃穿都是父母给的最好的，现在每天醒来就是想着多去给孩子挣几罐奶粉钱，自己哪里舍得买个什么。"

她说这话的时候，略带笑意，我却偷偷握紧了朋友的手。

我的旅行费用大部分是爸妈给的。

离开了避风港的我们，

什么也没有什么也不是，

这个社会还是优胜劣汰，不会对谁温柔。

我拿着手机打了一行字给朋友看："我好像看到了自己的未来，怕。"

我怕有一天，我也会那样疲于生计。

怕真的有逛不完的菜市场和买不完的地摊货。

怕再也不能有时间、有金钱去自己喜欢的地方旅行。

最怕的，我可能真的会养不起爸妈。

05

我笑余桥，他没有那么惨，他的避风港是加固级的。

可余桥说，祸福朝夕，希望只留给有准备的人。

爸妈碌碌一生，把最好的都给了我们，我们躲在他们费尽心力堆砌起来的温暖港湾里，过着无风无浪的生活。

可是我们清楚知道，这个他们打造出来的避风港，正在随着他们年龄的增长和工作能力的衰减，日渐老化腐朽。

而我们偷偷往外望，外面是想象不到的波涛汹涌。

我们哪，特别怕未来的某一天，爸妈没能力再守护着这个温暖的避风港了，而我们却还撑不起一片天。

你看，我们现在拥有的一切都很好，我们现在拥有的一切都是侥幸。

很多和我和余桥差不多年纪的人都有这样的不安，那么，把下面这句话送给你们也送给我自己：

要努力，要趁早。

你点的赞，我都认真当成了喜欢

谢谢你，让我一个人做了 *200* 页的小组 *PPT*

（皮柚/文）

01

早上起来刷朋友圈，看到 cc 的动态："终于做完了，五个人一起加班到深夜两点，应该纪念一下。"

配图是某自习室的照片。

本来应该是六个人的，我就是没去加班的那一个。

上周，辅导员找到我们六个人，一起做一个项目的申报材料。

就在当天，大家一起开会讨论确定好了所有事项，并且给每个人都划分了任务。东西不多，时间不紧，只要每个人都按要求来，还是不难做好的。

可，团队合作，真的是一个谜一样的存在。

你永远不知道你的哪个队友会出现什么样的状况。

02

在提交初稿的前一个晚上，一个男生在群里说自己的任务做不完了，让大家帮忙一起做。

大家都觉得挺奇怪的，他的任务算是最简单的了，居然会做不完。

"嘿嘿，这几天连续唱 K 几个晚上，白天上课，都没时间，我才做了一点点，真是来不及了。"

因为第二天早上就得交，有人就表示同意帮忙了，一个接一个，我当作没看到，没有参与大家的友情援助。

我确实一点都不愿意帮助这个男生，他不是没有时间，而是态度出了问题。

谁都有自己的事情想要去做，你完全可以放纵去玩游戏，去追剧，去 K 歌，去做任何你想做的事，但在这之前，你必须保证，你有能力对你的放纵负责。

我也是熬夜完成的，如果不在那个时间完成的话，后面会来不及修改完善。

所以，那天晚上跟朋友出去喝酒，玩到 12 点回到寝室之后没有马上睡，而是裹着毛毯敷好面膜坐在那里做材料，一直到我的室友早上问我怎么起这么早。

他只要有那份心，就从求助大家那一刻开始工作，一定是能够在截稿之前独立完成的。

说到底，不是不能做，只是不想做。

他一开始就给自己想好了退路——团队。

03

《乌合之众》这本书里就提到过这个现象，当一个人成为一个团体的一员时，就很难约束好自己。

因为"群体是个无名氏，因此也不必承担责任。这样一来，总是约束着个人的责任感便彻底消失了"。

无论事情成败与否，都是归给团体的，所以男生知道自己不做，总会有人愿意站出来的。

一个团队最可怕的不是猪一样的队友，而是这样的寄生虫。

后来的两次加班，也是完全可以避免的。

初稿交上去之后，材料又修改了两次，两次加班我都没去。

意料之中，初稿被打回，用辅导员的话来说就是："连最基本的句子通顺都没做好。"

其实在交稿之前大家会把自己做的都发到群里，互相检查一下，不知道有没有人看我的，但是我认真看了每一个人的稿件，并大致说了下自己的一些建议。

有人说到时候再看看，也有人说一点问题没关系的，只有一个女生后来又把自己的修改版发给我看了看。

04

我们这几个人都是辅导员找来的，算不得是那种做不好事情的人。

可凑到一起，但凡有一个人把事情标准降为"大致可以"，敷衍了事的消极情绪就会在团队内传播开来。

往日那些带着各种积极分子头衔的人，离开了直接排位的竞争体系也变得不积极起来。

人人都想着差不多就行，到最后就是差很多，稿子需要一改再改。

cc 的那条动态下接了一大串"辛苦了""你们最棒"的评论，可深夜两点的加班真没有多值得表扬的，那不过是人人降低自身要求造成的低效率。

朋友说毕竟是一个团队，加班都不去是不是不太好。

我告诉她，刚上大学的时候，我就是那个为了整个团队一个人熬夜到三四点做了 200 页 PPT 的人，现在的我不是无动于衷，而是清楚地知道：

每次过审我的材料都是没有任何问题的，并且其他五个人只要真的用心绝对能完成好自己的任务，还很可能比我做的精彩。

这种情况下，我真的不愿意去扮演一个老好人的角色。

中学时期的班主任，很喜欢"一人犯错全班受罚"。

那个时候以为，这样做只是为了告诉我们一个班要团结，现在才懂得，老师更想让犯错的同学明白，当他身处于集体时，一个人的错误会拖累整个集体。

而做好自己应该做的事情，不出错误，则是对其他同学最好的尊重和对整个集体的负责。

一个团队互帮互助的前提，是大家已经为自己的任务尽到了最大的努力，而不是有人混在中间不尽责，然后让整个团队来为自己的失误埋单。

05

我的原则向来是，我可以帮助你，但我绝对不会代替你。

团队合作是很多大学生最讨厌的事项，因为确实短时间之内大家是很难有团队凝聚力和荣誉感的。

说实话，我不去加班也因为那个项目做得再好我也不能获得什么，这是出于我自私的利益衡量。

但是，单从人与人相处来看，做好自己的事情不给别人添麻烦，也是最基本的原则。

一旦成为一个团队中的一员，不管对团队是否有归属感，至少，先做好自己该做的。

　　如果一开始每个人都尽力保质、保量，按时完成任务，而不是心安理得地给自己找各种借口，团队合作就不会是个那么糟糕的存在。

　　而团队中，因为个人态度不正造成的失误，我从来不愿意为其埋单。

　　相互尊重，各自珍重。

不要看男朋友的手机

（陈沫／文）

01

最近很喜欢听一首叫作《94340634》的歌，它用歌词讲了一个有点悲伤的故事：

女朋友的手机经常有"94340634"这个号码的来电，他大概猜到这意味着什么，但他心里还抱着一丝希望，于是躲起来偷听了整晚。

却怎么听都听不出转机。

所以有人说，94340634用粤语来念，就是"够死心死，令我心死"的意思。

好多人的心，都死在了另一半的手机里。

02

可能是公众号看多了，我学会不少谈恋爱的套路，其中一条就是"不肯给你看手机的男朋友都是渣男"。

所以我和他确认关系的第一天，我们就在彼此手机存了自己的指纹，也把支付密码改成了对方的生日。

跟他去吃饭，菜还没上的时候，我会伸手问他要手机。

他倒是挺乖的，立马就交了出来，甚至还在我检查他微信聊天记录时，把头扬起来，眯着眼睛看我，一脸得意的样子，仿佛在说：

"看吧，明明什么都没有，你却还不相信我。"

这个时候，其实我就已经知道他的手机里没有秘密了，所以我随便了翻了翻，就把手机还给了他。

也许我想看的，根本不是他和谁聊过天，聊了什么内容，而是我看他手机时，他给出的反应。

就像有天晚上，他挺累的先睡了，旁边的我还没有困意，于是心血来潮地抱住他，俯在他耳边低声说了句："我看一下你手机好不好？"

他听见了，迷迷糊糊地"嗯"了一声。

那一刻我就觉得，我认定他了。

03

不过三个月后，他和我提了分手。

离开我的原因，他讲得很清楚，就是喜欢上另一个人了。可我偏偏不接受这个理由，还给他发了好多条微信：

"你怎么可能喜欢别人？"

"明明你对我那么好。"

"明明你朋友圈里全是我的照片。"

"明明你的微信聊天记录我全都看过。"

"明明……"

等我发到第四个"明明"的时候，系统提示我：对方已开启了好友验证，你还不是对方的好友，请先发送验证请求。

说来也挺讽刺：

在一起的时候，整天怀疑他移情别恋；

要分开的时候，却怎么也不相信他喜欢上别人了。

但是没办法，有些人执意要走，我怎么拦也拦不住，只能重新习惯一个人的生活。

把他送的礼物打包归还，清空和他有关的朋友圈，删掉一切残留的联系方式。

只是我始终没舍得退出他的 QQ 音乐账号，还能听他在听的歌，是我们之间唯一的感应了。

某一次，我躺在床上听他最新收藏的那几首歌，同时手指无聊地滑来滑去，竟然让我不小心点进了他的个人页面。

这时我才发现，原来 QQ 音乐是可以查看 QQ 好友列表的，而我看到其中一个分组，里面只有一个人，头像是女生的自拍。

我点进了那个女生的页面，看到她在听的歌曲，全部都是他收藏的。

我突然就明白了，他之所以能够那么自信地把手机给我看，是因为他知道我只会看他的微信，不会点开他的 QQ。

而他很聪明的，把秘密都藏在了 QQ 里。

想到这里，我忍不住鼻子一酸，低声骂了自己一句"傻瓜"。

04

现在有很多公众号都在教女生谈恋爱，搜索"男朋友"这个关键字，出来的文章都是这样的：

男朋友宠你的 10 种境界，你是第几种？

问男朋友这三个问题，看他怎么回答你。

不舍得给你买包包的男朋友，一定是不爱你。

所以很多人说，女生都在这个过程中被"教坏了"。

但其实，男生也在这个过程中"学精了"。

女生知道要问男朋友哪些问题，男生也知道怎么回答不入坑；女生知道要检查男朋友的手机，男生也知道要删除聊天记录。

如果女生更厉害一点，懂得恢复微信聊天记录的方法，那么男生也可能会更高明一点，知道要换一个聊天软件去暧昧。

不知不觉中，我们用套路、耍手段，把谈恋爱变成了"一物降一物"的游戏。

玩起来刺激，但最后"被降"的那一个，是真的会受伤。

05

其实《94340634》这首歌，是朋友推荐给我的。

她是个很敏感的女生，所以当她发现男朋友连洗澡都要把手机带进浴室的时候，她就意识到不对劲了。

那晚他们吵了一架，吵到快闹掰的时候，男朋友把手机狠狠地甩到床上，又生气又失望地说："你这么想看，那你看啊！"

然后她拿起手机，看到微信里面，男朋友给他们的共同好友都发了一条这样的信息：

"这个周末女朋友生日，想给她个惊喜，希望你也能来。"

突然想到《94340634》里的开头那句：

来到两点几，扮作睡有哪位？
长夜抱着手机的你，
恐怕是心中有鬼。

原来这个"鬼"也不一定是坏的，有可能是对方不想让你知道的"小惊喜"。

所以，如果能够重来一遍，我不会再去看男朋友的手机，因为里面一定藏着他的秘密。

这个秘密要么是"他没那么喜欢我"，要么是"他比我想象中还要喜欢我"。

而无论是哪一种，不用看，时间自然会告诉你。

你点的赞，我都认真当成了喜欢

"隐形贫困人口"说的就是我

01

一个月前，朋友在微信里跟我说：不如我们五一去成都玩吧。

随后给我发了一个旅游团的链接，我点开一看，发现要三千多块，于是马上哭丧着脸说："我想去，可是没有钱啊。"

朋友觉得很吃惊："你怎么可能没有钱？"

我这才发现，原来在朋友看来，我是个"腰缠万贯"的人，不仅每天都去益禾堂门口排队买奶茶，还时不时就更新化妆品，比如 TF 的新系列口红一出，我马上就入了好几只。

但其实，我很穷啊！

不知道怎么跟朋友解释我这种情况，直到最近，我看到一张在年轻人当中流传很广的图，我才终于找到最适合形容自己的词条：隐形贫困人口。

02

隐形贫困人口的定义是这样的：指有些人看起来每天有吃有喝，但实际上非常贫穷。

不得不说，它形容得实在太贴切了，以至于我身边好多朋友都转发了这张图，并且深表同感地说："没错，这说的就是我啊！"

那些看起来每天都有吃有喝有玩的大学生，其实真的很穷。虽然他们整天在各种网红店里打卡，身上穿的不是 vans 就是 AJ，刷一下淘宝就花了几百块。

但是，如果你让真让他们拿出一大笔钱，他们往往都拿不出来。

我想了很久，究竟为什么会出现这种现象，后来我和身边几个朋友聊了聊，大概想明白了。

90 后已经习惯了"小成本、时效快"的消费。

比起长期的投资，他们更愿意把钱花在那些看起来不贵、能让他们立刻享受得到的东西上。即使这些东西时效性很短，没有长远意义。

所以，他们会毫不犹豫买一杯十几块的奶茶，入手两百多一支的口红，清空购物车里那些不贵但好看的衣服。

但是，我们却没办法存下三千块的旅游基金，买不起五千块一部的佳能单反，更不要说存钱买一部上万的 macbook 了。

现在的 90 后，是存不了钱的。

所以他们的至理名言就是：活在当下，以后的事以后再说吧。

03

事实上，大部分的大学生都还没有自己挣钱的能力，无法实现经济独立，只能靠着父母给的零花钱过日子。

所以，乱花钱的时候，多多少少还是有点愧疚的。

不过，他们很快就能给自己找到借口，比如：

钱不是花掉了，只是换了一种方式陪伴我们。

买东西会很穷，不买东西也很穷，不如买吧。

买了可能会后悔三天，但是不买会后悔三年。

你看，人是非常善于合理化的动物，我们都太擅长为自己逃脱罪名了。

即使我们总是在冲动购物之后，在朋友圈里哭穷，口口声声说要剁手，和朋友诉苦这个月要吃土。但是，请相信我，我们很快就会忘掉这些话，并且重蹈覆辙。

在下一次经过奶茶店的时候，你还是会忍不住买一杯烤奶，反正很便宜，才六块钱。

在下一次化妆品出新系列的时候，你还是会忍不住剁手，你会安慰自己，这个总是断货啊，难得有就买了吧，即使你并不那么需要它。

在下一次无聊的时候，你还是会忍不住点开淘宝，然后默默下单几件收藏夹里的衣服，你想着马上就要换季了，而且不够钱，也可以用花呗买啊。

不知不觉，我们的花呗欠了好几百，甚至上千。

在别人眼里每天都过得那么滋润的我们，实际资产可能是负的。

难怪有人说，现在的 90 后已经不是月光族，而是月欠族了。

04

我身边一个朋友，她的日常生活看起来非常富裕，永远有新款的口红，每个星期都更新一批衣服，每个周末更是少不了一杯星巴克。

她活成了很多人羡慕的样子。

但是后来，她竟然因为还不上花呗，而找我借钱了。

就在那一刻，我一点也不羡慕她了。

我们早该明白：年轻的时候不能太过追求表面的光鲜，超过自己能力范围的光芒，是会灼伤眼睛的。

虽然还年轻，但也都是成年人了，自己能承受多少，心里还是要有点数的。

"花钱"很容易，每个人都可以，也正是以为这样，我们才更应该学会"怎么花钱"。

我们是时候要长大了。

05

可能是因为我们都还太年轻，不用考虑房子和车的事情，也不用担心房租、伙食费、交通费，没有任何经济上的烦恼。

每天只要想着，怎么把自己打扮得好看一点，怎么和身边的同龄人玩在一起，就够了。

所以，我们很容易养成"管不住自己的手"的坏习惯。

虽然说在这个年龄段，"乱花钱"这件事是被允许的，但不代表它能够一直被允许。

迟早有一天，我们会走进社会。

如果到了那个时候，我们还是这么不会理财，看见什么都想买，那么我们就再也不会是"隐形贫困人口"，而是沦落为真正的"贫困人口"了。

这是我第 101 次想去死

（皮柚 / 文）

01

"柚子，我真的好累啊！"

于静对我说她太累了，累到有时候会想，不如从哪个楼顶跳下去。

我挽着于静的手，说我也是，经常被自己"离开这个世界吧"的念头给吓到。

丧，丧丧丧，成了日常。

最近一次想去死，是在上个周末。

普通得不能再普通的周五，我坐在寝室，突然想起了一个男生，一个曾经我喜欢过的、已经许久不联系的男生。

就那么一会儿，我的情绪快速跌落。

不知从什么时候开始，难过对我来说已经变成一件轻而易举的事情。

情绪跌落到谷底的时候，我开始暴躁起来。

我对自己感到很生气，因为我的情绪失控了。

我已经离开男孩了，不应该再想起他。

我还有很多事情没做，不应该去难过。

那天晚上，我扔掉节食减肥的誓言，去吃了麻辣烫，跟老板说要最辣的。

吃完麻辣烫出来，跟室友脱了鞋走路，中途下了雨，我们淋着雨拍了小视频。

我在极力让自己开心起来，因为还有很多事情要做。

02

那晚回到寝室已经十一点了，身体疲惫加上情绪低落，又困又晕。可第二天上午有考试，泡了两杯咖啡，冲了几下冷水脸，刷题到深夜三点。

周六六点半起床，镜子里的自己肤色暗淡得不行，洗漱，化妆，出门，提前完成考试，赶去一个集体照片的拍摄。

一点半顶着炸裂的太阳回到寝室，一点五十出门去赶下一场活动，刚出门几分钟突然下起了暴雨，才换好的衣服都被打湿了。

那一刻，我很想就坐在地上大哭一场。

"好累啊。"

"什么事情都做不好。"

"同龄人在抛弃我，'00后'也在抛弃我。"

"那么多优秀的男孩，我偏偏选择不喜欢我的那一个。"

所有的恼怒和难过瞬间奔涌而来，生活太缺德了，它从未给我重重一击，却有数不清的小拳头捶向我，逼我崩溃。

太累了，撑不下去了，很想有辆车撞上我。

我忍住眼泪，一滴都没掉，因为不敢弄花自己的妆。

内心崩溃了一万次，在别人面前，还是维持着露出八颗牙的标准笑容。

成年人最无奈的地方在于，再难过，也要给自己糟糕的情绪定个期限，并且越短越好。

你点的赞，我都认真当成了喜欢

晚上编辑部的一个姐姐，写了稿子跟我交流，当时实在静不下心来看稿，但没有拒绝。

"我星期一状态就好了，星期——一定给你看。"

其实我也不知道自己星期一能不能好，但得这样逼着自己，走出失控的状态。

03

"柚子，你总是能走出来，可是我不能，我走不出来了。"

于静仰着头抹了抹眼泪。

她是一个很迷人的女孩，我总是开玩笑说，如果我是男生，我一定拼命追她。

可就是这样一个身高 170 厘米，高颜值，又酷，相处起来温柔得不行，英文歌唱得特别好听的女孩子，比我还丧。

"柚子，我一无是处。"

"那我怎么办？比你差很多，我应该死在你前面。"

我没有去夸于静，没有一条一条把她的好数给她听，没有告诉她已经做得很好不用太担心。

因为我明白，我们都认定了自己是世界上最失败的某某某。

我说："于静，你学学我。"

你学学我，在丧丧的生活里皮一下。

比如周六那晚，吃巨辣的麻辣烫，在校园里脱掉鞋子光着脚走路，淋着雨在寝去门口不顾形象自拍视频。

比如临时逃掉并不重要的课，坐上跨省的高铁，去见一个很想见的人，把难喝的白酒兑上雪碧，一起喝酒聊天，比比谁的日子更难过。

比如曾经和朋友，晚上十二点出门，从一座城市滴滴到另一座城市，去吃火锅，去马路上闲逛，去路边唱五元一首的歌，天亮就回学校。

去买一套好看的衣服。

去看一场山顶的日出。

去吃很想吃的东西。

去看很想看的电影。

但凡那件事情，能让你觉得这个世界还有那么一点可爱，那就去做。

04

渺小如我，没法解释，我们这代人都怎么了。

身边好些朋友有着不同程度的抑郁症，大家都在说，好像开心不起来了。

大家都很好，也在变得更好，可生活就是那么混账的不尽如人意。

我也说不清以后会不会变好，只是每次崩溃到想死的时候，还是放不下以往二十年并不理想的生活，和以后的无尽未知。

还是想垂死挣扎，去做更多的事情，成为自己想成为的人。

这个世界太讨厌了，让你挫败，又让你迷恋。

第 101 次想要去死，又第 102 次克制自己。

坦诚来讲，我并不比于静多些自信，积攒好多句夸奖才能换一份高兴，可是一句否定能让我丧好多天。

所以，面对大部分批评，我都在心里默念："哼，他们好不可爱的！"

生活已经这么丧了，厚着脸皮也要对自己好一点。

后来我问于静有没有特别想做的事情，她说一直想染个粉红色的头发，

"但是很不好意思，别人会觉得很夸张吧？"

我没回答，拉着她去染了，很漂亮。

染完头发之后，于静发了个朋友圈，"生活是灰色的，我是粉色的。"

05

前两天我和一个陌生网友玩了一个游戏，每天跟对方分享一件开心的事情。

第一天，她说因为下雨，她在寝室躺了一天，颓废的感觉让她开心。

第二天和第三天，都是因为吃了很好吃的东西，而感到开心。

我的快乐则来自于，拍了一张好看的照片，认识了一个漂亮的女生，吃了一顿好吃的饭。

约定的三天期限结束，她说才发现自己的快乐都是来自小事情，如果不是要分享，她可能就忽略掉了，只剩那些烦心的事，让她觉得又是很丧的一天。

原来我们都一样，已经习惯认为，生活就这样了，明天不会更好，完全忘记，很多时候，不用对抗生活，只需发现快乐。

如果有人和我一样，曾经觉得也许真的挺不过去了，听着自己的心跳去过百度"自杀"，会看到这句话："这个世界虽然不完美，但我们仍然可以疗愈自己。"

我把这句话弄到了手机桌面上。

没办法劝你一定要热爱这个世界，因为我也总是指责它。

但是请相信，不管人间值不值得，你一定值得。

这个世界上，每天都有很多人感到不快乐。

即使想到这里，也应该开心一下。

未来的日子，对自己好一点。

20万的学费，让我放弃了美术这条路

01

前两天，一位朋友发了一条说说："我不会忘记舞蹈给了我第二个有期待的人生，爱之入骨。"原本随意翻着手机屏幕的手突然停了，鼻子一酸。和她一起坚持爱好的这两年，我清楚地明白舞蹈带给她的影响有多深。

在我初高中的学生生涯里，我天然对那种成绩好，满口讲着流利的外语，能够解开各种错综复杂的方程式的学霸投以敬佩和钦羡。可是上了大学，接触了一些人和事之后，才发现那些坚持自己爱好的人身上有一股难以抗拒的迷人的磁场。

因为坚持爱好的过程绝不是理想化的顺风顺水，你会因为各种各样的原因不得已放弃，坚持本身就是一件特别有魅力的事，而且还是建立在自己喜欢的基础上。那种纯粹地以为找到自己的爱好，就可以撼动一切的言论还是太苍白无力了。

我们坚持自己的爱好，也深知其中的苦恼。

你点的赞，我都认真当成了喜欢

02

表妹刚上高一，是一个很认真、努力的女孩子。最近经常和我聊天，中心词始终绕不开"画画"。

好几次和表妹一起去文具店，我们停留在那些花花绿绿的颜料盘和画画用具前，表妹都小心翼翼地拿起又放下，眼里全是视若珍宝的欢喜。喜欢真的是藏也藏不住的，从眼睛里就不自觉流露了出来。

表妹对画画的热爱我再清楚不过了，可越是喜欢，越是纠结。

"我都不敢和爸妈提自己想学画画，我想走艺术生这条路，他们肯定会觉得艺术生是那些学习不好的孩子才走的路。最关键的是，学艺术太烧钱了，我就随便算了一下，买颜料，买素描作品，买那些杂七杂八的艺术用品，加上艺术培训费用。这三年下来，就是一笔不小的开支，最起码要二十万吧，我家庭条件本来就不富裕，硬要坚持学画画太让我爸妈操心了。"表妹犹豫再三之后，给了我一段这样的回复。

我有点心疼表妹的懂事，因为经济条件不好放弃了自己心心念念的爱好。

喜欢在现实面前也会不堪一击。

大多数的年轻人在还未自己挣钱的当下，就幸运地遇上了自己愿意承担的爱好，可是当明晃晃的高价账单摆在面前时，还是会像瘪了的气球一样无可奈何。

这种开销不菲的兴趣爱好不在少数，钢琴、追星、摄影、烘焙等，如果没有稍微富裕一点的家庭背景支撑，你的兴趣爱好也会就此戛然而止。

陶子最近很丧，也是因为自己坚持的爱好。

起初陶子开创自己的公众号，全凭一腔热情。她从初中开始就一直坚持写日记，每天晚上把自己的那些感性的、理性的，一箩筐地、毫无顾忌地倾吐出来，是一件超级盛大而又庄重的事。

后来自媒体盛行，陶子想让自己的心情被更多人看到，便义无反顾地走上了这条路。

"我觉得我不适合这条路。我都坚持了快一年了，粉丝还是三位数，我有一段时间天天更文，熬夜熬得脸上爆痘，依旧没什么起色。好多人和我一块做公众号，现在一篇文章阅读量都是 3000+，做公众号真难。"

现在，我在陶子身上已经看不到一开始信誓旦旦的坚定和热情了。

"而且我最近有一个星期没有更文了，越不写越不想写了。"我很怕这是陶子的最后宣言。其实爱好并不是像大多数人想象的那样，只有舒服没有不顺心的地方。

很多时候，当你投入了时间和精力，依旧达不到驾轻就熟的状态时，失落和挫败感便会慢慢消磨你的喜欢。

当你不停地找拍摄角度，耗费一整天就为了拍出最佳效果，但是成片出来依旧差强人意时；当你沉浸于枯燥的编码程序中，日日埋头苦干，却被上司一票否决时；当你耗费大量工夫在自己的爱好上，却仍然无法用来养活自己时；当爱好无意中掺杂了很多潜在的私欲时，你已经无力再享受兴趣爱好最初带来的鲜活和生动了，你被重重地绊倒在地，狼狈脆弱。

隔了一个星期，陶子的公众号推了一篇文章，摘要是"我要一点一点重新来过"。虽然陶子时不时犯一下焦虑综合征，动不动就说甩手不做了，可是下一次还是会像打了鸡血一样熬夜更文。

很多人都是在喜欢的程度上心甘情愿地啃下那些不喜欢的部分，而也只有忍受了那些不舒服，才会触及底下更加精彩有趣的世界。

04

星期天下午，和往常一样急匆匆地赶上回校的公交，脑袋昏昏沉沉，靠在车窗旁，结束了半天舞蹈授课任务的我坐在后座疲惫不堪。耳边是房东的猫的《如常》，一如既往地喜欢。听着听着，心里突然被触动了一下。

"很多时候，你一个人厌倦了序列有秩的生活。你厌倦同一班车，被夕阳吞没，却怨得不动声色。"

我突然意识到一个不好的征兆，一旦我的爱好变为兼职甚至是谋生的手段时，在日复一日的规律化生活中，我开始慢慢消磨了原先对它的欢喜和热情。很多人都希望过上那种左手爱好，右手高薪的生活，但是当爱好牵扯到你的琐碎生活和横流物欲时，这两端就无法再平衡了。

我记得之前看过一句话："和任何一种生活摩擦久了都会起球。"

私以为再精彩纷呈的生活方式，都抵不过柴米油盐酱醋茶的枯燥乏味。爱好原本是纯粹拿来愉悦自己的，一旦它进入程序化的生活职业和待价而沽的市场环境中，它就失去了起初的那份滋味。

当然，最佳的解决方式还是挣钱养活自己，也养活自己的爱好。有能力平衡好爱好和职业的关系，那自然最好。

05

《小王子》里面有一句暖心的话："你在你的玫瑰花身上耗费的时间使得你的玫瑰花变得如此重要。"这朵玫瑰花可能再普通不过了，可能是万千奇花异卉中最不起眼的一朵，可是你在这朵玫瑰花上耗费的时间，倾注的热爱，使得它异常艳丽。

爱好，同样如此。

这朵玫瑰可能带刺，起初让你扎破了手指，流了血，灰了心，但是有的人始终没有放弃自己的玫瑰，等到它盛开的时候，原先的刺都变得柔和美丽。

《浩九的爱情》里有这么一段话："我上美术院的时候，因为舍不得用颜料，所以就用了一点点，你知道后来怎么样了吗？中途它凝固了，都没用到一半就扔了。颜料和心都一样，不要省着，那样会凝固掉。"

喜欢也是如此，不要省着。

我见过很多人因为经济条件不足忍痛割爱，也因为各种各样的困扰和不舒心中途放弃，但是这些原因很多都是外部可控因素，是我们可以改善的。

对于没钱养活自己的爱好这个问题，我很喜欢的一位作者维安就说过："人要先生存，才能生活。"最好的状态莫过于赚钱养活自己，也大方阔绰地供养自己的爱好了。

绊倒我的不是生活，是不会说"不"

（何谷／文）

01

前几天，榴莲面试了一家公司，迎接她的是面试官劈头盖脸的贬低，她的学校不行，她的专业不好。

这顿训斥就像一场突如其来的暴雨，榴莲被浇了个措手不及，准备好久的面试问题回答也忘光了。她只好勉强地笑着，简单应答几句。榴莲的默不作声鼓励了面试官，面试官开始为她指点人生。

开头就是一句，"我说的话你别不爱听，这是我几十年的经验之谈。"

"报一个理工科大学的文科专业，你家长竟然同意？"

"要我的话，会报一个更好的综合性大学。"

"你这四年就是白上学，浪费时间。"

那句"之后会通知你"，成为榴莲的救命稻草，她紧紧抓住那句话，快步跑出了公司。除了难过、沮丧，更多的是生气。"贬低我的学校专业不行，那您为什么要我来面试？"

"我的高考成绩加上 30 分也考不上您说的那所好大学。"榴莲在脑子里放了一百遍狠话，想要狠狠甩在那个居高临下的面试官脸上。

但后来，那家公司发短信让榴莲去实习，榴莲没有拒绝。只是每天碰见面试官的时候，就像碰见鬼，手心和后背会紧张、冒汗。

02

物以类聚，榴莲的朋友阿浪也是一个不懂拒绝的代表人物。

辅导员为了拉动年级困难户学习进步，实行"一帮一"。帮助阿浪的是专业第一的大神，大神每天都会将阿浪的行程报给辅导员。

正因为大神每天把他的信息殷勤报给老师，阿浪从普通困难户变成了重点监视对象。辅导员一遍遍找阿浪谈话，阿浪低着头挨骂的时候突然笑了。

阿浪想说，"如果你不了解我，真的没有发言权。"

大神只看到阿浪上课睡觉，回宿舍太晚，学习不努力。

但是每个人的爱好不同，阿浪志不在学习，他喜欢创业。

目前联合几个同学创业开发小程序摇红包，正处于线下推广阶段。经过连续半年多跑推广，目前用户达到了2万人。

可是，阿浪没有跟大神和辅导员来一场"你不懂我，就别说话"为主题的三方会谈，只是傻笑地应答。

每天缩短了推广的时间，按时按点去办公室等着辅导员的训话，回到宿舍再乖乖听一遍大神的洗礼。

03

懒懒是我朋友里最受欢迎的人，她不是一个老好人，为人处世都有自己的一套标准。

但正因为她懂得拒绝，做起事来令人舒服。比起那些不好拒绝、只能答应的老好人更受大家欢迎。

最近，一个好久不联系的朋友突然给她发消息，希望她能帮忙两天之内翻译完论文。懒懒却直接选择了拒绝。

这个好久不联系的朋友是经过十几次碰壁，把懒懒当作最后一点希望，但这不能成为懒懒同意帮忙的理由。

首先，懒懒实在没有时间帮忙翻译论文。她每天不仅要实习，也要做毕业设计，还要趁着大学夕阳红再考一下证券从业资格证。

更重要的是，懒懒的英语不好。她不能保证在两天内翻译完文章。她清楚她的出现不能让事情变得更好，所以选择不要帮倒忙。

在给朋友讲清楚自己不帮忙的原因之后，懒懒给朋友介绍了另外一个英语超好的朋友，"也许你找她翻译论文会更加合适。"

我们不敢拒绝别人的原因，很大程度是因为想象到拒绝之后的不好的结果。

害怕拒绝之后，她就讨厌我了，我们不是朋友了。但这些都是害怕拒绝的假想敌。

04

太宰治曾写过这么一段话，"我的不幸，恰恰在于我缺乏拒绝的能力。我害怕一旦拒绝别人，便会在彼此心里留下永远无法愈合的裂痕。"

但在毕淑敏眼里，拒绝和生存同样是一种权利，仅此而已。

拒绝不会得罪人。但你选择妥协的那一刹那，你的表情、动作甚至周围的空气都会让彼此难受。并且，为妥协付出代价，被不合理要求为难的只有你自己。

榴莲去实习之后，面试官还是保持他居高临下的态度，甚至压榨榴莲起来更加省力。榴莲的妥协没有换来尊重，丢给她的是得寸进尺的压榨。

所以，当那些不选择你，觉得你不够优秀，还站在高处讲道理的人出现时，你要直接说不。

拒绝的另外一个名字叫作"拎得清"。拎得清进退，拎得清得失。就像懒懒知道这件事自己做不到，有人能更好地帮忙。那就不用浪费双方的时间，择最优为之，给双方都提供更好的选择。

毕竟，真的朋友不怕被说拒绝，他会理解你所有的正当理由。当然，假朋友你也不用介意他的离开。

拒绝又不是洪水猛兽，你为什么不敢拒绝？

你点的赞，我都认真当成了喜欢

我曾经和大学最好的朋友绝交

（野火/文）

01

"我们就这样，各自奔天涯。"也许是歌也应了景。朴树还在台上唱着歌，人们也还在台下应和。离开的时候我又回头看了一眼，忽然就想落泪。

两天的时间，和一群陌生人从陌不相识到一起蹦迪、一起满场跑、一起窝在吊椅里荒废无聊的时光。

很多时候，缘分造就相识。同样两个人，若在路上擦肩而过，我们也许不会有任何交集。可一场音乐节，却让来自重庆、昆明、贵阳的我们在这里相遇又分开。

分别的时候，我说："想到也许以后再也不会见到你们，真的忽然心酸。"可是眼前的男孩子笑着挥了挥手，说："这有什么，有缘江湖再见。"

人生是不是就是由一场又一场的离别构成的。在这一生，我们不断与人相遇，又不断与人分开。

小学，初中，高中，现在回忆起来，我们曾经那么近，在一个二十平方的教室里朝夕相处，可一旦毕业，很多人，我们也许终其一生也再难重逢。

一群群人潮冲来把你淹没，又一群群人潮路过你向远方走去。

02

离别这种情绪，总是一冲出来，就瞬间把我淹没。

如果这世上一定有那么几件注定让人伤感的事情，我想离别一定算是其中一件。

曾和眼前人度过那么多欢乐时光，可是经此一别，也许以后再也不会相遇，这是多么使人感到遗憾而悲伤。

我向来是个很贱的人。以前问别人，我说"求而不得和得而复失，你会选哪个"，他说"得而复失吧，至少拥有过，以后也算是有点故事可以拿出来回忆"。

而我毫不犹豫地说，"我选求而不得，如果注定要失去，那我宁愿从未得到，因为失去的感觉实在太痛苦了。"

我觉得离别和失去是很像的一种感受。

03

大一的时候和大学最好的朋友绝交。就是那种，曾经一天到晚腻在一起，曾经一起在外面夜不归宿，也曾经因为一句话就一起买了车票去大理，就是这样好的朋友，后来却连擦肩而过都装作不曾看到。

难以形容这种感受，那段时间真的是整个人被负面情绪淹没，觉得自己究竟是个多么垃圾的人啊，连这样好的朋友都离我而去。

离别和失去，这种情绪一出来，整个人就开始低落。

所以很多时候我宁愿把自己缩在壳子里，不愿意去遇见，不愿意去接触，不愿意去开始一段新的友谊或者感情。

一旦习惯相处，习惯这个人在你生活里，这个人却又忽然抽身离去，这种难受真的可以把你击倒。

习惯真的是件很可怕的事情，就在昨天，一起在音乐节当志愿者的男孩子还发了条朋友圈，他说，"真希望每天都是音乐节，每天都和你们在一起工作，多好啊。"音乐节才两天，却有人在过去五天之后的时候还在回忆。

又想起做志愿者刚结束的第二天，中午 11 点有人在群里发了一条消息，"快派各组组长来领盒饭啦！迟了就没了！"那时也是，忽然戳心。

我当然知道，不去习惯，就没有习惯，也就没有脱离习惯的痛苦。我当然也知道，不去遇见，自然就没有离别，也就没有离别的痛苦。

04

今年三月的时候，我和从前那个绝交的朋友和好了。因为我也想她，她也想我，我还爱她，而她还爱我。她说这次回到我身边，就不会再离开。

错的人迟早走散，而对的人终将再重逢。我忽然想到这句话。其实如果不去遇见，你怎么会遇到那个不会离开的人。而有的人，就算遇见又分开，但曾相处过的时光不会在记忆里褪色。

一直以来我都是个很怂的人，因为害怕失去而不愿意去得到。但我忽然想，以后不要再这么怂了。

做个在离别之后能够挥挥手大步向前走的人吧。离别不意味着不会再相遇，而失去也不意味着不会再回归。

过去的人生里，曾与那么多人分别，但真正的朋友一直到现在都还保持着联系。人生那么漫长，人潮那么拥挤，有的人能够陪伴你走过一段路就已经难得，而这一生能够始终抓住几个人就已经足够。

　　现在回忆起那日的黄昏，最清晰的画面只剩下，那个男孩子挥挥手，说，江湖再见。

　　去遇见；去离别；去得到；去失去。

你点的赞，我都认真当成了喜欢

我单身了五分之一个世纪

（左耶 / 文）

01

不知道从什么时候开始就陷入母胎单身的怪圈里，兜兜转转，始终走不出来。

已经好几次被室友打趣并催促我赶紧开始一段恋爱，也闹过被别人误解为"我正在热恋中的误会，好像都没用，该来的还是没来，不急不慢就这么一个人度过了人生中的五分之一个世纪。"

其实，我身边有很多女生到现在还是母胎单身，动不动就会产生这样的错觉："我二十岁出头，还是没遇见喜欢的人，大概以后也不会碰到了吧。"

这样的错觉带着点矫情的孤注一掷，还不是因为意中人一次次的姗姗来迟。

之前在微博上看到特别赞同的一句话："总嚷着要找个对象，却从不主动勾搭。没喜欢的人，也懒得接受别人的追求。倒也不是那么'宁缺毋滥'，却还是不肯委屈将就。有时感觉单身挺好的，又常常羡慕别人成双入对。这才是很多人单身的日常吧。"

想了想，好像是这么回事，更多的时候还是习惯了一个人的状态，赖在这样稳固自在的壳里不愿做出改变，所以才一直单着吧。

我没办法列举这个世界上千奇百怪的单身的理由，但我可以肯定地说，人生中所有不合意的标准都是因为还不够喜欢，还不够契合。

02

　　寺山修司是这么形容恋爱的："将恋爱这个词和猫这个字更换：恋爱摇头晃脑地钻进你的怀里，像猫咪一样温暖。"

　　总觉得恋爱应该配得上那些最美好的词，"玫红色的""炽烈的""甜腻的""柔情四溢的"。

　　可是我见过好多情侣处在自己并不舒服的恋爱状态中，想要摆脱，却又欲言又止，一天天耗着，就这么慢慢榨干了对于恋爱最虔诚的热情。

　　你想着，都二十多了，身边的朋友一个个都有对象了，于是，你急了，饥不择食，慌不择路，在半推半就中开始了一段自己也犹豫不决的恋情。

　　这一不留神啊，就堵住了那个对的人来找你的路。

　　与其匆匆忙忙开始两个人的行程，我倒宁愿一个人先好好吃饭，睡觉，整理好仪容，收拾好情绪的杂乱无章，攒钱养好自己那些蠢蠢欲动又闪闪发光的爱好和小野心。

　　这些事，自己一个人做起来的时候一点也不孤单啊。

　　先学会好好爱自己，再去谈如何爱别人，这也算是一种对双方的负责和对恋爱的虔诚吧。

　　《生活大爆炸》里面的谢耳朵在朋友的一次婚礼上说道："人类终其一生必须找另一个人作为伴侣的行为我始终无法理解，但我祝你们从彼此身上获得的乐趣，跟我从自己身上获得的一样多。"

　　所以，有的恋爱真的不必谈，这世上的快乐未必别人给的就比自己多。

03

最近很喜欢的一部韩剧《今生是第一次》，很多台词在不经意间就戳中了我的泪点。

元锡和浩朗磕磕绊绊，一起经历了七年之痒，却偏偏在结婚这件事上卡了壳。

世熙这个头脑思维极其直观的理工男却一语中的，"其实，我和智昊并不是因为彼此相爱才结婚的，只是，所有的一切都很合适，所以才会结婚。因为没有什么不自在，所以才会住在一起。但这样以后，"

元锡问："就产生感情了吗？"

世熙说道："是的。我自身会变得很舒服，心里也会产生空间。通过结婚我明白了这一点。"

恰恰是"失去了朗，我就活不了"的元锡和浩朗分手了，尽管结局喜大普奔，但是那一段时间，他们之间疲惫不堪的相处模式却透支了双方感情的交付和延续。

在如今这个依托物质基础搭建的婚姻家庭的框架内，仅仅依赖于双方相爱这个因素来支撑，或许太过于单薄了。

彼此合适才是经久不衰的关键吧。

我这个恋爱小白所理解的爱情，不是彼此深爱，而是恰到好处的契合与匹配。

04

电影《爱在》三部曲里有一句我特别喜欢的台词："我喜欢我望向别处时，他望向我的目光。"

男女主之间的相遇哪怕拖沓了九年之久，也丝毫不影响这个长跑爱情的完满谢幕。

所以，意中人啊，你晚一点来也没关系。

最后，我想把《私语书》中很喜欢的一段话送给大家。

"我还是在等那个人，就像你丢掉的另外一半一样，你见到他的那一瞬间，一切都已经被预设好，感情、印象，都已经储备到位，只等你轻触那个天亮的开关，你说的每一句话他都懂得，你开一个话题他就明白，你一交代关键词他就能感应到方位。那真是一个盛大的奇迹。"

如果在今生碰到这样如此契合的人，那请大迈步跑过去，不要犹豫，紧紧抓住，就别松手了。

抖音上的那些无脑小姐姐，请自重

（左耶／文）

01

前几天，表弟教我玩了一个抖音的套路，我在无聊之余下载了抖音却刷到上瘾，根本停不下来。抖音以其短小精悍、有颜有才、创意新颖迅速受到男女老少的青睐。

不过，有不少抖友由于长期接触抖音，患上了"抖音综合征"，"自从看了抖音，不敢养猫，不敢养狗，坐电梯不敢伸手，坐地铁不敢扶栏杆，买冰激凌得带着刀，吃包薯片得小心翼翼地打开，走路有人喊小哥哥回头之前先把手插口袋里，回到家中四处张望有没有胶带。我只想活得简单点。"

虽然是戏谑的说法，倒也不无道理。不加节制，失了分寸的录视频行为，确实给一些人带来了不便，尤其是那些无脑小姐姐，打着录视频的旗号到处撩拨颜值高的小哥哥，这种行径就让人很无语了。

02

自从玩了抖音，我才知道还有这么清新脱俗的模式。

套路一：在地铁上，瞄了一眼旁边的小哥哥，长相清秀，暗地里心花怒放，握住把杆的手按捺不住，开始行动了。步步逼近，尽管小哥哥一再退让，你知道坚持就是胜利，最怕半途而废。最后，小哥哥轻轻地把手搭在你的手上，再紧紧握住，你成功地完成了一段高点赞数的视频。

套路二：在电梯上，远远地，有一个小哥哥乘着电梯下来，你知道机会来了。随意地踏上去，假装不在意地环顾四周，其实心里小鹿乱撞。越来越近，越来越近，你顺势摸了一下小哥哥的手，顺便送了一个飞吻，然后不急不慢地跑开，小哥哥追了上来。

套路三：在大街上，你随便找了一位小哥哥。其实，哪里是随便，分明是盯了好久的独自一人的颜值高的小哥哥。你跑上去，握紧拳头，娇滴滴地说道："小哥哥，小哥哥，给你个东西，你要吗？"小哥哥被整得一脸蒙，随之，你把拳头放在小哥哥的手里，作可爱状："我，你要吗？"接着，拉着小哥哥的手一往无前。

03

明理人都知道，这些套路其实是"情侣假装不认识系列"，可偏偏有一些无脑小姐姐以身试法，偏偏挑那些名草有主的男生，最后落得个尴尬的境地。

我前天看到的那个女生倒是挺有勇气的，把那么丢脸的视频放出来，底下评论也是骂声一片——

在公交车把杆旁，那个女生起初略显紧张，而后镇静，再而胆大，继而游刃有余地把手往上移，小哥哥步步退让，至此为止，进行得还算顺利，我们也以为会再吃一把狗粮。接着，结局大反转，正当那个女生不甘心，准备再次出手的时候，小哥哥冷冷地、忍无可忍地吼道："你有病吧！"

这一句骂得大快人心，替那些无意中被娱乐消费的小哥哥骂出了压抑的心声。毕竟在别人的视频里火了那么久，我们有权利说声不。拍视频想走红，我们没意见，但是你情我愿是前提。在不影响他人的情况下拍视频，才符合社会主义核心价值观。学会相互尊重，才能把视频打造得更加趁手。

04

最近迷上抖音的我给朋友小五发了一段搞笑视频，原本想逗她一笑，结果却引起了她的不快。

"这辈子都不想看到抖音了。"她忿忿然道。我立即明白了这里面有故事，本来打算跳过这个话题，小五主动和我说起了那个不要脸的小姐姐。

小五那天和男朋友逛街吃饭，一个女生莫名其妙地走过来，完全无视小五这个正牌女友，直奔主题，直接开追。男朋友不知道说什么好，小五直接把那个女孩子的手推开，打算走人，结果那个女孩子跟着小五她们，一脸无辜地解释，自己只是拍视频，为了好玩，就是拍一下抖音视频，没别的意思。小五强压心中的怒火，一晚上都没有心情吃饭逛街，后来小五想想当时不甩那女生两个大嘴巴子，实在是便宜她了。

你永远不要挑战女生吃醋的极限。

前一段时间闹得沸沸扬扬的"拧瓶盖事件"，有网友觉得女生太过于大题小做了，但你不是当事人，你没有代表女生管理自己男朋友的发言权。

假若我和男朋友逛街吃饭，看电影约会，半路却跳出一个陌生的小姐姐，浓妆艳抹，一脸媚笑，摇摇地走过来，假装柔弱地请求拧瓶盖，顺势来一个水到渠成的套路，完全不把你这个正牌女友放在眼里，结束了还不忘华丽丽地找个缘由为自己开脱，我怕是要提着 40 米的大刀开始战斗了。安全感都是自己给的，我要是碰见这种无脑小姐姐，第一眼估计就要杀个片甲不留吧。哪怕再霸道专横，哪怕再醋意大发，我也要自信地警告对方万事不能失了分寸，丢了品行。

05

同样的套路，我在抖音上看到了不同的人物配对，形成了不同的风格。

一位二十来岁的男生和他年迈的奶奶玩起了最近很火的一个视频，最后，男生钻进了奶奶的怀抱中，和奶奶紧紧相拥，这一幕让人很是感动。

很多事情放进了真心，连瑕疵也变得可爱。

相反，大部分的小姐姐都是抱着开玩笑的心态来录视频的，她们不以为意，理所应当地挑战别人的底线。请不要再用"这就是玩玩而已，没别的意思"为自己开脱，是玩笑还是伤害，都应该以被开玩笑的那一方的感受为标准。每个人都有权定义自己被侵犯的底线，一旦侵犯发生，就是既成事实，你觉得是玩笑，不好意思，我却觉得一点儿也不好笑。

并不是所有的男生都喜欢在地铁上抓着把杆，被陌生的女孩子撩拨；并不是所有的男生都喜欢在乘电梯时被莫名其妙地摸了一下，还要装作心潮澎湃地追上去；也并不是所有的男生都喜欢在大街上被叫住，然后硬塞给你一个不感兴趣的所谓的"女朋友"。

那些不想陪这些小姐姐们录视频的男生，可以很郑重其事地，一本正经地，优雅自信地回答道："谢谢，我们不想录。"

最后，奉劝那些抖音里的无脑小姐姐，请你们自重！

有时候，你得学会主动接受自己的短板

（左耶/文）

01

这几天与一位同龄小姐姐乍见甚欢，只是后来聊着聊着，总觉得有些不自在。

她是一个独立勤奋的女生，每天坚持健身，忙于考证，经济独立，有才有颜，配上"女神"的称号也绰绰有余，只是有意无意中总感觉她把自己标榜得很优秀，有一种潜在的炫耀。

我承认，她的确是一个优秀的女孩子，但是这种隐隐约约的卓越感让我感觉很不舒服。相反，我很喜欢那些把生活过得风生水起，聊天时却波澜不惊，低调谦卑的人，和她们在一起聊天很惬意，聊自己出糗的，聊明星八卦，聊各自的情感问题。在言谈中，在相互了解中，你会渐渐发现她身上具有的美丽迷人的特质，这些东西被对方慢慢发现挖掘和她自己亲口说出来的感觉是截然不同的。

一种是主观的认可，是打心眼里对你刮目相看，一种是被动地接受，你再怎么优秀，我也只是觉得你很好，但是我不喜欢。

与人交往时，第一印象很重要，但后续相处才是关键。刚开始觉得你千般万般出彩，在慢慢地相处和深入了解中，看到你不为人知的缺点和短处，会生发一种"你变了，你不是以前我认识的那个人了"的错觉。所以，试着主动承认自己的短板，这没什么好丢脸的。

大多数时候，我们心疼一个人，觉得她和自己很像，不是那些高高在上的优越感，而是那些频率一致的脆弱点和敏感点，是你身上那些可爱的不完美，是你的庸俗，你的自卑，你的敏感，你的虚荣甚至是你的自私。

02

《东京女子图鉴》中的女主绫拼尽全力想要过上大城市那种灯红酒绿、翻云覆雨的物质生活。

其中有一个镜头略显尴尬但又真实可笑。

绫和同事们下班后参加联谊，遇到一个张口闭口就显摆自己的男士，"我是 28 岁就年薪 800 万的潜力股，在同期中我也是遥遥领先，再有 2 年我收入就能涨到年薪 1000 万。你也喜欢能挣的男人吧。"这种扑面而来的肤浅和俗气，即使绫再怎么物质，也会敷衍了事，极力去逃离这种不舒服的对话吧。

她一直在换男友中不断提升自己对于物质的要求，可是尽管如此，遇到那种看似优秀但内质俗气的人，她还是选择头也不回地大步走开。

优秀不是你挣了多少，有多少独当一面的帅气和挥斥方遒的能力，而是与人保持一种舒服的相处状态。既不高贵傲娇，也不谦卑过分，对方自然而然会产生言不由衷的佩服和欣赏。

一个优秀的人，也是一个主动承认自己短板，主动接受自己不完美的人。

03

每个学校都有几个不食人间烟火的男神、女神，颜值爆表，能力担当，看似完美得无法复制，难以接近。我们学校虽然没什么名气，但也出了几个样貌俱佳的男神。

有一次，我和室友聊起我校的男神，一个是参加湖南卫视《一年级·毕业季》录制节目的王润泽，一个是走上演艺道路的高冷男神张永杰，两个人的颜值不相上下，但我们谈吐中直截了当偏向于喜欢王润泽。

皮骨这个东西，虽然受之于父母，如若没有后天的人工操纵，基本上是自然生长的，是人为无法左右的，但是面相、气质却是与后天的生长环境，行为习惯，原生家庭密不可分的。

单论颜值，各有各的风华，但论气质，张永杰是那种冷峻，不易近人的感觉，而王润泽却是带有烟火气息的大男生。

因为王润泽自小父母离异，与奶奶相依为命的家庭环境没有带给他太完整的双亲关爱，这样的短板反而让我们更喜欢这个不完美的男神。那些无法靠近的完美，那些高高在上的优越感，是会产生距离感的。

我喜欢用"美"这个词来形容张永杰，但"好看"这个词却留给王润泽。美和好看这两个词虽然都是形容人长得闭月羞花，但这两个词细细品来，却截然不同。美是带有不可语同的距离感，一种在云端上的美，是高冷的，而好看这个词太频繁了，我们张口闭口夸一个人时就情不自禁地脱口而出，是生活在我们最平常的日子间的，是真切而又踏实的。

04

从小到大，外界给我们灌输的思想都是"扬长避短"，你要发挥自己的长处，避免自己的短板和不完美。这是潜意识里告诫你要在行动中排除那些毫无作用的缺点，使你的长处得到最大化的效益价值。

可是我在很长一段时间发现，那些推着我们毫不顾忌地大步向前的力量，不完全是那些光鲜靓丽的美好品质，还有我们极力去隐藏和摆脱的让内心不安分的因素，比如焦虑，比如好强，比如嫉妒，比如敏感……

卢思浩在《愿有人陪你颠沛流离》中写道："一个人最好的模样大概是平静一点儿，坦然接受自己所有的弱点。很久以后我才明白，所谓的成长，就是越来越能接受自己本来的样子，也能更好地和孤单的自己，失落的自己，挫败的自己相处，并且接受它，然后面对它。"

原以为长大是翠竹拔节，是虫儿化茧成蝶。其实不尽是的，成长或许也是，一层一层地将包裹起来的不完美摊开，是看到镜子中满脸雀斑，毛发枯燥，日益发胖的自己却不大吼大叫，坦然自若地去接受的欣然。我们接受了这一切不完美，然后变得温和达观了。

主动去承认自己的不足也是与过去那个倔强好胜、平庸无奇的自己达成了和解与共识。这种内里的挣扎与撕扯是成长中必不可少的过程，只是时间早晚的问题罢了。比起看到一个在外人面前逞强好胜、闪闪发光的女神来讲，我更愿意看到一个嘻嘻哈哈的不完美小孩。

对不起，你不配做我的干事

（左耶／文）

01

比起见面没有向学长学姐主动问好，收到短信通知没有回复的不礼貌行为相比，我前不久碰到的一位学妹的言行大概是完胜了吧。会长听说后，说道："要是依我的性子，估计会直接把照片扔在她脸上吧。"会长是一个爱憎分明，做事有条理的女生。

"百团大战"的那两天，一些新成员陆续加入了我们协会的大家庭。当时填写报名表的时候，有一些学弟学妹忘记带照片了，匆忙之际也忘记标注照片这一栏信息了。直到社联下发通知，我们开始着手办理会员证的时候，才发现一些学弟学妹的照片没上交。

由于会长和几个部长临时有事，所以填写会员证信息，按照身份对号入座贴照片，核实并确认信息的事都是我一个人完成的。在厚厚一沓会员证中，我急急忙忙探出头，给一位同学院的学妹小 Y 发了信息："学妹，你那天来报名的时候照片没交，我们今天就要上交会员证了。"

"哦，那学姐你能过来拿一下吗？"

当时忙得焦头烂额的我，看到学妹这句话着实不满，之前我和许多学弟学妹联系时，他们都表示主动送过来。下午两点左右，总算把会员证的基本信息填好了，和最后三个学妹约好在图书馆门口见面，与学妹小 Y 联系时，她只淡淡地回了句："好吧。"

我在门口足足等了二十分钟左右，见学妹小 Y 还没有过来，便打了电话过去，小 Y 不在，是她室友接的，说小 Y 去洗澡了。我尽量克制住心里的怒气，向她室友说明了情况。小 Y 室友估计也觉得有点过分，一路小跑过来，交照片的时候还一连说了好几句道歉。

可学妹小 Y 事后依旧没有和我进行任何解释，好像那天很理所应当一样。

这不是简简单单的礼貌问题了，基本素质和为人处世的道理，小 Y 在那一刻也丢掉了。比起理事表上那些振振有词的漂亮誓言，你后来的行径怕是把脸都打肿了吧。

学姐也就是万千普通大学生中渺小的一员，生气的时候任性一下，有时候要点小聪明，偶尔偷一次懒，喜欢在你们面前装成熟稳重，可一旦有什么重要活动，就算熬夜也会把活动策划和准备工作一一做好。

交照片这件事本来就是你们自己的事，我完全可以因为你对自己的事懈怠，而不必细心待你。原本答应好的事，即使心里不舒服，哪怕当面提出自己心里的想法，也好比出尔反尔把学姐晾在那里要好得多。

小时候刮奖刮出"谢"字还不扔，非要把"谢谢惠顾"都刮得干干净净才舍得放手，和后来太多的事一模一样。于人，于事，都是如此。

如果在你的身上攒足了失望，估计连仅有的谅解与和善都会毫不犹豫地收走了吧。

02

上个星期五，又是我们寝室的日常惯例，出去逛街，以及去街口最爱的那家香锅店。开始准备好好享用一顿美好晚餐的时候，室友小柒突然把手机摊在桌子上，无奈地说道："又是这个学弟，每次都是这个学弟。"小柒的性子温和，头一次见她这么说一位学弟。

"让他用那个软件编辑一下说说，发在官方QQ上，从中午一直拖到下午，迟迟不给我答复。刚才我告诉他怎么编辑，他竟然回了我一句：'你别烦我，我在忙'，我倒要看看你什么时候发。"原本好好的一顿晚饭，大家吃得都心不在焉的。小柒时不时拿出手机，关注动态。

每次在群里发消息，不回的是他；每次编辑说拖了好久，内容质量略差的是他；每次学姐有事找他，不是态度不好就是隔了好久才回的还是他。说实话，"你没有能力，还没有态度，学姐学长们干吗要留着你，自找麻烦。"

大学社团和一些学生组织其实并没有那么高大上，我们在面试的时候，大家都是初次见面，没有哪个学长学姐能火眼金睛，一眼窥见你的能力，绝大多数还是取决于你的态度。能力是可以慢慢培养的，但是素质、礼貌这些东西，一旦被学长学姐们一票否决了，很难会再给你机会。

03

小董是院爵士舞的成员，舞蹈队招新面试时，就有学妹就摆起了架子。说来也是可笑，因为觉得面试占用休息时间所以一脸不满。有面试自然有不合适的人，看到淘汰的信息后回了一些傲气的话，大致就是觉得学姐们水平不高，淘汰自己迟早要后悔的话。

前不久，大家还在讨论这一届学弟学妹怎么那么不省心，细细想来，其实每一届都有不礼貌的学生。

都是从大一开始的，一开始满腔热情地加入各种组织，后来一听到面试就避之不及；学院按照学号强制安排的讲座，一边哭爹喊娘，一边又毕恭毕敬；当干事被学长学姐们颐指气使的时候，心里总会有些不舒服。

不是不能理解你们的心情，可并不是所有人都适合做干事。

04

小宸是我在一次摄影比赛中认识的对手，彼此加了微信好友之后，发现他真的是一个很负责的部长。

运动会期间，他发了一条动态。

运动会的三天小长假：

知道学弟学妹们在忙运动会，所以没有因为协会的事劳烦他们，哪怕是干事；

知道社联要交会员信息表，所以昨晚默默做好了，会员证缺照片还有个人信息的，一个个去私聊了；

不知道有些专业的全称，还翻箱倒柜地找出了去年录取通知书里的院系专业名单；

知道自己其实并不是超人，但是没办法，只是希望这三天，你们过得开心。

学长学姐们不是超人，也没有三头六臂，有时候忙得分身乏术，也有很多的不完美和缺陷，所以只是希望身为干事的你，稍微懂事点就好了。

一心一意待在那个组织，自然是真心喜欢，便有着一个共同的愿景：希望它越来越好。无关强迫，无关刻意，甚至要带着点儿虔诚，真真实实地出自内心。

希望它越来越好，自然包括做干事的你。

抱歉，我大学就是要玩四年

01

前不久，去大一学妹宿舍扫楼宣传的时候，很多学妹一脸迷茫，逮着我就问："学姐，我感觉我们这个专业没什么就业前景，我不知道要学什么。""学姐，怎么样才能加学分，是不是修不满学分就拿不到毕业证书？""学姐，我想拿奖学金，这个奖学金是怎么评定的？"

"学姐，考这个证书有用吗？可以加学分吗？"

我大概总结了一下学妹们的问题，所有的疑惑似乎都绕不开这三件事：专业前景、学分、奖学金。

都是从大一过来的，我理解学妹们对于未来、专业的迷茫和焦虑。"迷茫"这个字眼，可能是大学生活中出现频率最高的词汇了吧。可能大家对于优秀的大学生活的定义就是积极参加一切活动，加满学分，拿奖学金，在自己有限的大学时间里挂满闪闪发亮的勋章。这的确没错，但有时候，我们可能把大学生活看得太过功利化了。

"学分、奖学金这些东西固然重要，但是我不希望你们为了这些束缚自我，做自己不喜欢的事，找到自己真正喜欢的并坚持下去是一件很酷的事情。在大学，我希望你们可以培养自己的一门兴趣爱好，比起这些，我倒希望你

辑三　生活教会你最多的是忍气吞声 ┃ 185

们能'玩'四年。"我也是一个极其普通的学姐呀，没什么过人的才能，也没什么额外标榜的特质，唯一比你们有底气的地方可能也只是多了这一年的经验吧。

02

在网易云曾经看到这么一句话："从小你觉得念书念得好就有出息，长大后你会发现并非如此。那些知情懂趣的人，往往对生活充满热爱，敢于打破常规。让人有趣起来的，往往是一些看似无用的爱好。这种感觉，就像是你们同在一片沙漠奔跑，你一路前进，他突然拐了弯，你终于到达了另一片沙漠，而他撞见了绿洲。"

你要知道，生活中很多始料未及的惊喜都是来自这种看似无用的爱好的堆砌。比起规规矩矩一头扎进学分的洪流里安分守己，我倒宁愿你们以二十秒毫无理智的勇气开始一段爱好的玩乐之路。坚持下去，说不定就能玩出名堂呢。

教我们古典舞的老师气质颇佳，是能从人群中一眼就相中的姑娘，可是她大学主修的专业却是丝毫未与艺术细胞挂钩的物理学。凭着对舞蹈的一腔热爱，她"玩"了四年的中国舞，拿到了北舞的特级教师资格证，成为中国舞蹈家协会的会员。现在是一位实打实的舞蹈教师，这四年坚持不懈地"玩出了"温婉古典的气韵风骨，掠过她的眼角眉梢，渗入她的骨髓，体现在她的谈吐举止中。

玩爱好这种东西，其实更像是一种隐形的投资，它让你以一种轻松的不掺杂物欲的方式投身其中，如果玩的时间足够长，热爱的程度足够深，在某一个时刻，可能只需要一个触动点，就会喷薄而出，成为一笔意想不到的财富。

03

我们的新闻摄影老师曾经在课堂上讲起他的两位学生，并非是成绩优秀的学长学姐，但却是玩出了名堂的大佬。一位是进了记者团的摄影记者，后来拍着拍着，认识了国内一批玩人像摄影的同龄大学生，毕业后在人像写真方面玩得风生水起；一位是才华横溢的才子，周边人忙着写新闻稿，忙着拍视频剪视频，唯独他与众不同，在写诗的道路上一去不复返，现在是一家出版社的总编，已经出了好几本诗集了。

这些都是很优秀的学长学姐啊，也许并不是严格意义上的好学生，有着高学历，年年拿奖学金，毕业后找到高薪职位，但是她们身上的魅力却是分外迷人。

要知道，长期玩自己的兴趣爱好是一件很有勇气的事，不单单有外来的质疑与亲戚家人的不信任，有时自身也会产生没来由的迷惘和不坚定。可是，大部分的人在"玩"的路上就死在了明天，他们不知道挺过了明天，原先的那拨人站在终点线外的就寥寥无几，剩下的都是这个行业内的"资深玩家"。

04

认识我的人，都知道我是一个过于认真，有时候有点儿偏执的姑娘。往往，执者失之。

太过于认真，就像站在一个巨大的售贩机前，你满心欢喜地投入了一大把的硬币，"叮叮咚咚"清脆的声音从里面传出，等了好长的光景，玻璃橱柜里五彩斑斓的汽水罐一动不动，隔着玻璃，一种空前的虚无感和挫败感袭来，压得你喘不过气来。

后来，一位朋友对我说："你要是试着以'玩'的方式，可能会收获意想不到的效果。"试着放松一点，把镜头拉远一点，往后的日子才会更加明晰和辽阔。或许，你"无心插柳"的"玩乐"反而会生发出妙不可言的可能性，就像在衣柜里偶然翻出一笔之前藏着的钞票。这两种心情是截然不同的啊。

大学玩四年未必是一件坏事，我身边的人有玩着人像摄影的，有玩着手工艺品的，有在舞蹈中无法自拔的，这些看似与她们专业毫无相关的爱好到最后反而能成为她们最专业的拿手菜。都是很酷的人啊，虽然还未做出什么惊心动魄的大成就，但是坚持"玩"着自己爱好的人本身就自带一股迷人的磁场，无须多说什么，自然有人沉沦。

梁文曾经说过一段话："读一些无用的书，做一些无用的事，花一些无用的时间，都是为了在一切已知之外，保留一个超越自己的机会，人生中一些很了不起的变化，就是来自这种时刻。"如果你刚进大学，"玩"四年也未尝不可啊，多折腾两下，有些"玩"可能是会得到山呼海啸般的应和的。

你点的赞，我都认真当成了喜欢

我用大学四年和手机谈恋爱

（鱼甜／文）

01

坐在我身边的阿媛学姐，已经是第四次叹气了。

其实这也怪我，接到的采访任务，大多是一些关于"大学四年的遗憾"此类的话题；我为的是完成采访工作，而她却实实在在被我触到了心里的那层遗憾。

"刚踏入大学的时候，我就给自己立下了几个规矩，第一上课不准迟到，第二上课不能玩手机，第三上课认真听讲，可惜，四年下来，我一样都没做到。"

阿媛学姐搅动着眼前的咖啡。我听着，就好像看见了自己的影子，或许大多数人都一样吧。

大学伊始，干劲满满，我们对自己立下了很多 flag，或者说是期望，每个人都觉得自己一定会越来越好。

毕竟高考那么难熬的日子都过来了，总不能让自己"死"在大学吧。但是，我们在不知不觉中却真的没能好好"活"下来。

02

在成长的过程里，一些曾经觉得很简单的事情在当下看来却那么难做到，不得不承认，当人在一件事中渐渐没有了进步，那就一定会迎来退步。

比如上课举手回答问题这件事。

不论是因为环境还是自身，在上大学后，我主动举手回答问题的次数屈指可数，或者连一只手都数不满。

每当老师抛出一个问题之后，我都会有所思考，但是，那只手就是迟迟不愿意举起来。

好像每一次的借口都是——"大家都不举手，我举手就会很格格不入。"

每次老师都会向同学们提出一些问题，作为课堂的平时加分，但是，一片好心最终都会被辜负，因为压根儿没人在乎上面那个男人在说些什么。

或许大家更关心今天哪个网红闹绯闻了，而我更关心《北方大道》这本小说的 312 页在讲些什么。

但是，我还是会感到羞愧的。

有一次文学写作课下课了，老师找到我，说："你是班上的学习委员吧，但怎么从来没看你举手回答问题啊，你不能只写，你得敢说，而且说不定还能带动班上的同学，你说是吗？"

我脸颊泛红，应声答道："对不起啊老师，我知道了。"

我也不知道自己为何说了"对不起"这三个字，抬头看着老师精心准备的 PPT，就觉得自己很不是个"学生"。

不知道是从什么时候开始，我们变得这样麻木起来，连最起码的学生本分都渐渐忘却。

上课的时候常常只带一个手机就跑过去，迟到了却还拿着早餐不慌不忙。

老师上课不点名就逃课在宿舍睡觉，下课铃声还没响就收拾好了东西，发出窸窸窣窣的声音，还和朋友则聊起了自己上课看的综艺节目。

我们其实真的，挺过分的。

03

在昨天的近代史课堂上，一个男同学被老师叫起来回答问题。

"同学，你说一下，视频里的圆明园是谁烧的？"

"七国联军。"男同学抬起头，字正腔圆地回答道。

课堂上一阵哄笑，我猛然抬起头，只见朋友也笑倒在了桌上，"哈哈哈八国联军啊，他说七国。"

"真搞不明白你们是怎么考上大学的。"老师似笑非笑地说道，大家停止了笑声，尴尬地低下了头。

以前姐姐对我说，珍惜高中的学习生活，这将是知识积累的顶峰。

后来上了大学，发现不会写的字变多了、语言组织能力变差了、英语口语也越来越蹩脚了、连 68 加 54 的算术题也要拿出手机来计算一番。

后知后觉，自己已经变成了温水里的那只青蛙，在安逸窝里划水嬉戏，还不知危险暗藏其中。

04

"大学我就只听专业课，其他老师的课都是凑数的，有时候都懒得去凑数。"

我们常常能听到这样的话从自己的嘴里说出来，我们将那些公修、选修课都称为"形式主义"课程。

因为一眼望过去，课上的老师和学生永远不在同一个频道上，学生齐刷刷地低头玩手机，老师在台上唱着独角戏。

我们一边不屑，一边却在害怕挂科，毕竟在上近代史的时候，自己就是一个文盲。

知识的羽翼渐渐不再丰满，遇到小风小雨都抵挡不住了。

我的大学生活已经过去两年了，我经历了无数次沉默再沉默的课堂，却还记得某一晚的论语课，像往常一样唱着独角戏的老师突然走下了讲台，站在一个女生的面前。

问道："手机真的这么好玩吗？你们平常在玩什么啊？我没有责怪的意思，我就是好奇。"

这个两鬓泛白、戴着圆圆眼镜、穿着干净衬衣认真讲课的男人，在面对手机的时候肯定觉得自己渺小极了。

05

他们会失望吗？我想肯定会的。

我们常常会思考阻碍自己前进的敌人是谁，然后把原因归结于越来越智能化的手机、越来越有趣的综艺和越来越松散的学习环境。

但当你试着抽身出来，你发现你看到了一个越来越无趣的自己。

你的敌人只有你自己这句话，不想再提，却是真理。

我们在某一年的六月里拼尽全力，只为有天能走进向往的大学，但是，一旦我们成为其中的一员后，为何就学不会好好珍惜了呢？

这是我们第一次有能力左右自己的生活，安排自由的四年。

我们已经成长为了一个在外面吃饭可以自己掏钱的姑娘，但是，回头看看大学里颓废的自己，不得不反问一句，我们最初选择步入这座象牙塔，到底是为了什么？

对不起，在宿舍睡午觉是我的错

01

在宿舍里过的最痛苦的，永远是那个想要拼命合群的人。

莉莉喜欢看美剧，但舍友喜欢看都市爱情小说。为了能有共同话题，莉莉问舍友要来一本小说，虽然实在看不懂女主的脑回路，但莉莉还是想要尝试着触碰舍友的世界。

舍友看电影、综艺、听歌，只要是能发声的都必须外放到最大音量。

莉莉看到其他舍友都是无所谓的样子，她只好压制住想要开口说小声点的念头，假装好听。

每当宿舍有人抛出问题时，莉莉会赶紧接住回答。而当自己提问时，莉莉觉得自己身边有一层真空圈，舍友们都冷漠地做自己手头上的事情。

只有等莉莉点名道姓，再叫上几次名字，才会慢悠悠地回答问题。

莉莉就是这样，强迫自己做不喜欢的事情，不断降低自己的忍耐力，只为了能和舍友成为朋友，和平友好地度过四年时光。

02

"毕竟是舍友。"

"毕竟我们要同处一室四年。"

"毕竟我也曾经想要把她们当成自己最好的闺蜜。"

莉莉总是用这些理由搪塞自己，容忍这些不同。

你问我，为什么知道这么多事情，是因为几天前她们矛盾爆发了。

莉莉发了一条屏蔽舍友的朋友圈，"对不起，在宿舍睡午觉是我的错。"

起因是这样的，莉莉每天会在 12 点 50 分午休，可是前几天，每当莉莉睡觉时，宿舍就变得很吵。不是莉莉敏感，而是仿佛所有的事情，舍友只能在莉莉睡着的时候，争分夺秒地做完。

她戴上耳机，把头闷在被子里，还是能听见舍友发出的噪声。

莉莉觉得可能是自己没有开口提醒，于是在第二天她小心翼翼地提醒舍友，"我要睡觉了，麻烦小声点。"

她的提醒没有用，舍友依旧很忙碌。当她齉着鼻子、脑袋昏沉醒来的时候，发现正对着自己的窗户大开着。

舍友说，拉上窗帘后，太闷了。

莉莉当时没有说话，后来憋着满肚子的委屈问我，"难道我又做错了吗？"

03

其实，如果兴趣相投，舍友能成为很好的朋友，或者一生的挚友。

又如果只是产生了一点小摩擦，也可以接受一点疼痛的磨合，再重归于好。

如果真的合拍，穿越五湖四海只为和你们同处四年，真的是一件很幸福的事情。

但实际上，很多舍友不是朋友，他们不愿意磨合。他们不愿意为你浪费时间和精力磨合。

莉莉小心翼翼发的那条朋友圈，收到了好多人的赞同。

你总是容忍他们犯错，但他们却对你的事情斤斤计较。

偶尔一次忘记倒垃圾就会成为舍友嘴里，抹黑你懒惰和不讲卫生的事实。

上次 AA 的那顿饭钱她忘了给，你就不好意思开口，当成请她吃饭。她却能直接开口问你，昨天滴滴打车的几块钱什么时候给。

你不小心买了和她同一款气垫，她却在背后嘲讽你只会跟风买东西。

04

知乎上有个问题是"和舍友的关系该如何处理？"

有个高票回答说，"忍受孤独总比忍受傻子好。"

一个宿舍五个人来自天南海北，有着不同的生活习惯。话容易说出口，但是习惯难改。

三毛曾说过这么一段话，"我总以为，朋友的相交，最可贵在于知心。最不可取在于霸占和单方强求。"

所以，趁早放弃想要强求他们改正凌晨 1 点上床睡觉的习惯，不如自己戴上耳塞更好一点。

既然成为不了朋友，那就退一步，互不打扰。

我认识一个叫雨涵的妹子，刚开始知道她，是因为她是她们宿舍的怪胎。

每天都是独来独往的，上课、吃饭都不跟舍友一起。

她的故事被雨涵的舍友传遍整个学院。可在一个礼拜后的公选课上，我见到了雨涵。跟她相处以后，我发现事情不是像她舍友讲的那样。

05

雨涵说，她不和舍友一起的原因，就是想法不同。她不想大学四年只看见几十平方米宿舍这一点风景。

她想要做很多自己的事情，比如旅行、比如电台。现在的雨涵在一家地方广播电台实习，毕业就可以去入职。而她的舍友每天还在宿舍里追剧、混吃、等毕业。

这种互不打扰的好处在于，你不用每天战战兢兢斟酌要在宿舍开口说的每一句话，也不用委屈自己去迎合别人，做自己不喜欢做的事情，大家都过得舒服。

如果早点了解这个人会讨厌你，会对你做的所有事情嗤之以鼻，为什么还要拼命在她面前表现，得到她的认可呢？

要知道，朋友可以自己选择，而宿舍是被迫分配的。

不喜欢就甩开，然后走自己喜欢的路。

毕竟，我们也不是非要成为朋友。

你说我视财如命，我只是看得更清

（何谷/文）

01

朋友沐沐总是孤独一个人，不是因为她天生喜欢这样，只是没钱让她必须孤独。

沐沐家里情况不好，全家都指着仅有的一亩三分地。父亲身体时好时坏不说，还有两个妹妹，一个快要高考，一个刚上高一。沐沐上大学的第一个礼拜，在别人都在同学聚会，忙着各种社团应酬的时候，她已经找好了两份兼职，中午在食堂帮忙，顺便午餐就可以免费解决。下午去给小孩做托管，简单地批改作业就行。

打工赚的钱就是沐沐每个月的生活费，她不舍得再开口要钱。

舍友知道沐沐家里情况，顾及她没有钱，过生日时会挑比较便宜的地方聚餐；宿舍装潢大赛的材料也是早沐沐一步买好。

舍友的这种小心翼翼，使得沐沐十分干脆地拒绝了舍友的每次邀请。

她不喜欢因为自己的贫穷，就一定要接受别人施舍的好心好意。这种好意让她觉得卑微，就像她们从来不会在自己面前讨论新买的那只YSL口红。

她就像一个陌生人，陌生的路边乞讨者。

双方都在尽力维护的这份舍友情被沐沐切断的另一方面原因是，即使舍友每次都去最便宜的餐馆，买最便宜的宿舍用品，她也负担不起。

她打工赚的钱平均每天只有 26 块，这几十块负担了她一天的生活。沐沐不能因为一次活动就浪费一天的饭钱。

02

空窗期接近一年的宋立，有五六个女生不断向他表白。大胆的也好，羞涩的也好，他都通通拒绝。只因为上一段感情就像一根钉子直插在心里，拔出来也痛得血流不止。

大学期间谈恋爱还是挺费钱的，一周两次的电影，周末几顿外出聚餐，再时不时想去个游乐场，生活费就所剩无几。

宋立之前就是，平时打着工，再加上老妈给的生活费才能勉强维持和女朋友的交往。

和大家想象中的不同，宋立的女朋友挺善解人意。举个例子，当平时想看场电影时，两个人会同时打开美团、支付宝对比哪个更便宜，之后再找一家最便宜的影城。就算有时候找不到便宜的，宋立狠狠心要买票的时候，女朋友就会笑笑说，其实电影院看电影也没啥好的，还白花钱。等过段时间，我们下载在手机里也一样。

但后来，嘴上说着不介意他穷的女朋友，还是跟一个家里有幢别墅的男生在一起了。

宋立说，他一点都不怪前女友，只是生气自己没有钱，需要在每个很小的地方抠钱，不能给她想要的生活。

如果现在的穷恋爱意味着分手，他还是希望等自己有钱了，有资格给女朋友一点点浪漫。

03

前段时间，看到一部超级丧的韩剧名字叫作《三流之路》。其中有一段，男主高东万问他的教练，打拳击可不可以赚很多的钱。

当时教练支支吾吾地回答他："你怎么总提钱，人过一辈子难道就是为了钱而活？比起钱，不应该是为了梦想、努力、心愿这些，宁愿饿肚子也要试着争取一下的吗？"

高东万回答说，"有钱才能有梦想，才能表达心意啊。想给我妈妈买房子，想给我爸爸换新车，这都是我的心愿，这都是钱啊。大家谎称钱不是一切，但心里其实也都是钱。"

虽然我喜欢男主的帅脸，但这段话是我喜欢他最重要的原因。

04

周围朋友很多人不理解这种嗜钱如命的生活，他们就像高东万的教练现实翻版，觉得爱钱等同于庸俗、乏味、无趣。

我之前不能理解他们不站在别人的角度看问题。后来我明白了，只是他们没有尝过没钱的苦，没有体会过没钱带来的捉襟见肘的生活，以为有钱获得的现状都是理所应当的。

钱真算不上是什么好东西，可是没有它万万不能。

对于沐沐而言，钱是安全感，能给自己安全感，也能给家人安全感。有钱可以活得起自己喜欢的生活，也可以拒绝自己不想要的人生。

在宋立眼里，钱就能消除人与人之间的落差，实现人与人之间的平等。

你点的赞，我都认真当成了喜欢

如果有一天我能站在钱堆上，那我一直喜欢的光明也会变得触手可得。

　　很多东西只有攥在自己手里才最保险，比如安全感，比如钱。

　　你问我为什么喜欢钱？我只是喜欢自由多一点。

生活教会你最多的是忍气吞声

01

李叔在公司里当保安，一个月工资两千，在食堂里他常点的是三块五毛钱一份的黄瓜和小青菜。

他说他想多存点钱，能常常去看望一下远在 1000 多千米以外的女儿和儿子，他一个人把两个孩子拉扯大了，现在孩子们都不在他身边，怪想念的。

昨天听他说坐车去看女儿了，我还挺为他高兴。

他笑嘻嘻地说："我特地请了两天假，打算在女儿那里住住，给她做点爱吃的，谁知道这丫头也没开口说留我，我也不敢打扰她，就回来了。"

我赶忙说道："哈哈，她肯定知道你第二天要上班，怕耽误你。"

每次都是这样，进公司前和李叔寒暄一会儿，他为人和善，和我是老乡，有这大城市里难得的亲切。

这一次听他说完话，我埋着头进了公司，脑子里想到的都是我爸妈。

爸爸的家族里有很多人，爷爷奶奶生了四个子女，爸爸是老四，唯独我们家生了一个女儿，其他家都生了儿子，因为这个，妈妈受气很多，作为女儿，我似乎真的很少有让他们觉得骄傲的时刻。

每年的家族聚会，妈妈都忙上忙下，其他的人便坐在沙发上闲聊着，我心里难过，妈妈却还是笑脸一副，她常常要我努力上学，找好工作，能赚钱了，有出息了，她在家里也就更有底气了。

这么多年，她忍气吞声，而我能做的也只有始终如一地努力和上进。

于是毕业那年，我在老家找了份实习，待遇还不错，而且离父母近，每天下班都能回家。

那段时间我刚进公司，加班的日子很多，晚上十点下班，爸妈都睡了，却又被我的开门声吵醒，然后爸爸就忙上忙下给我下面条、煮饺子，我说不吃他们都是不会听的。

可惜二本院校毕业，资历有限，每个月的实习工资也剩不下很多，大四实习一年后，我在公司转正了，两个月后，我又辞职了，去了上海。

爸妈不理解我为什么这样做，认为我好不容易能在家附近找个好工作，他们也能照顾我，还不会那么辛苦，但是于我而言，总觉得少了点什么。

可能是虚荣心，可能是不甘心，总之，我想自己的生活里多一些可能性。

02

刚开始离开家的日子，的确很难过，在那个寸土寸金的地方，我要找房子、找工作，更重要的是找梦想。

那座城市里的每个人看起来都很忙，每个人看起来都不满意当下的生活，但每个人都还是要沉着地为生活打拼。

为了节省工资，我选择了合租，在那个不大不小的房间里安心入睡，成为我每天最奢侈的时光。

今天卫生间有人的垃圾没扔，明天自己的牙刷杯掉在了地上，周末隔壁房间的情侣大声争吵，默默告诉自己，再忍一忍，再加把油，我要的都会有的。

新公司的工资是税后8000元，交房租1500元，我还有6500元可以支配，似乎还不错，但工作量也是很大，最长的加班纪录是一周七天，连续不停。

每天躺在床上，想着自己又有多久没有打电话回家了，看看深夜两点的时间，知道，爸妈肯定睡得正香。

今年元旦节的时候，正好是妈妈50岁生日，我向老板请了两天假，想陪妈妈在家过个生日。

离开一年，感觉家里变化很大，不回家我不会知道，爸爸国庆的时候不小心摔了腿，现在走路还有点儿不利索，家里的菜店门面租赁费涨了一倍，爸妈转让给了别人。

现在爸爸早出晚归帮别人开车，妈妈在超市里找了份工作；两人瞒着我不说，怕我在外面压力大，我回家了，他们还是笑嘻嘻的，生活里不好的那一面一点都不表现在我面前。

有时候真希望他们能不要那么懂事，而人似乎也是越长大就越不会喊痛，挨打后和着血和牙齿一口吞到肚子里的事情经常做。

03

离开家之前我带爸妈去买了一身新衣服，这个不要那个不要，说到底都是嫌太贵，嘴上一直念叨着："我们有衣服，不买，浪费钱。"然后日复一日地穿着那么几件洗得发白的旧衣服。

其实他们以前也是郎才女貌的，爸爸一身新衣服穿出来也很帅，妈妈打扮一下也很美，他们变了，在岁月的打磨下，变得不再年轻。

因为经济紧张，他们变得很拮据，妈妈会在买 6 元还是 3.5 元的牙刷前犹豫半天，爸爸会跑远一点的路买价格便宜一块五毛钱的菜。

我让他们不要这样，该用的就用，但是，生活总是让每个人都必须做出选择，而爸妈会选择忍气吞声，这是他们那代人惯有的行为方式。

走的时候，我悄悄把从银行取出来的两千块钱放在妈妈的枕头下，希望，他们的生活会因此体面那么一点点。

04

我想起了小时候，跟着爸妈坐火车，看着大人们睡在行李袋上，觉得不可思议，也常常很嫌弃车厢里臭袜子和泡面交融在一起的味道。

后来，自己为了省下高昂的车费，也选择了坐十个小时的硬座回上海；如今再置身于那个环境下，我终于明白，其实那味道的代名词叫作忍气吞声的生活。

越长大越怪自己没有能耐，不能及时地帮助家里解决困难，不能给爸妈多一些花钱的底气，不能像他们爱我们那样去爱他们。

生活的焦虑感总是在爸妈的不断老去里渐渐加深，越忙阵脚越乱，却也没有人指引，于是陷入自我迷茫的怪圈里。

因为心不在焉而工作上连续出差错，老板只会无情地责骂，然而你连治愈自己玻璃心的时间都没有，躲在厕所里给自己 5 分钟的时间整理情绪，然后微笑面对未完成的工作。

我很少接到爸妈主动打来的电话，多半是怕打扰我，常在异乡的夜里看着窗外模糊了双眼，但掉落几滴后就会擦拭干，因为知道明天自己还要上班。

我深知，人最不该做的就是被自己所感动，也明白，世界上在忍气吞声生活着的人不计其数。

　　从前感觉岁月静好，其实只是因为有爸妈替我们负重前行，现在，在见识到现实的大江奔流后，一心希望自己能变得强大，只为换来父母们的岁月静好。

你点的赞，我都认真当成了喜欢

甩手不干，你是来祸害人的吧？

（鱼甜／文）

01

早上醒来，接到了部门里两个小孩退群的消息。

其实事情很简单，昨天晚上 10 点多，正部长让两个小孩改微信推文，希望格式能够统一。可能是时间上有些晚了，两个学妹不愿意，私聊正部长。我看了聊天截图，大概的意思就是："你不早点指出来错误，现在我都上床睡觉了，你让我改微信？"

一连串的"微笑"表情让作为学姐的正部长有些蒙，她退让，说道："假如你们觉得自己做的可以，就直接发预览给我吧。"学妹们继续说着："别人都改了，就我们两个不改，显得多突兀啊。再说了，你是部长，你说什么都对。"我惊讶道："现在的'00后'干事都这么厉害的嘛，我以前当干事的时候，从来没这胆子，哈哈哈。"

学妹们在朋友圈开始吐槽，"你不要以为我们好欺负""好聚好散"之类的话层出不穷。

02

上大学后，发现甩手不干的人还是挺多的。

一起参加比赛，团队里总有人会因为要熬夜赶计划书而甩手不干；一个拍摄小组，总会有人因为剪辑太过辛苦而选择甩手不干；一起策划项目晚会，总会有人因为想不出好的 idea 而选择甩手不干。

这种甩手不干的洒脱在他们身上体现得淋漓尽致，但是每每想起他们在最初说出的豪言壮语，就觉得十分可笑。没有人喜欢收拾烂摊子，而甩手不干的人最喜欢的就是给别人留下烂摊子。

两手一挥，说声"再见"。好像真的很简单。

大多数人在进入一个未知领域前，都会以"我喜欢、我向往"这样的理由来标榜。但是一切都可能只是自以为是，毕竟"喜欢"和"向往"的东西，在一开始你看到的都是美好的一面，一旦它不美好的一面出来了，大多数人都会面露难色。这个时候，进与退的选择便是一种考验。

在大一的时候，我们部门参加了一个公益创业的比赛。最初，团队里有五个人一起参加，大家干劲十足，到了后期，学校又组织了许许多多的创业培训会，需要我们共同去商讨完善计划书。两个星期过去后，团队里的一个人选择了退出，理由是："他负责的板块一直没有被老师采纳，改了很多遍，改不出来了，所以不想做了。"我们纷纷安慰挽留，可惜，最后他竟把我们都拉黑了。

03

再过一星期就是复赛汇报了，于是剩下的四个人将他留下的问题一一分担到自己身上，熬夜加班，在最后我们获得了一等奖的成绩，奖金有 5000 元。后来团队里有小伙伴打趣着说道："他失去了 1000 块。"

我们相视而笑，我们都明白，他其实失去的不仅仅只有这 1000 块。

大学里的部门组织，你选择进入，本身就是希望得到一种经验的积累，在这个平台上我们能拥有各种各样的机会，这是一种幸运。不能抱着"想舒服"的心态去做事情，因为要想获得成长和进步，过程就一定会让你不舒服。

"大学就是小型社会"这句话，还是很有道理的。大学的身上也有很多职场上的东西，只不过还未全部显露出来，那些锋利的棱角还躲藏在深处，等待着我们每一个人的到来。

04

我想起之前，自己有幸去上海一家文化传媒公司实习，帮助一个家具企业做微信运营。公司里的一个姐姐，她做的是平面设计，常常为了一个能让老板满意的作品而在电脑前坐上一天。有一次公司的电脑突然死机，她做了两天两夜的设计稿没有保存，我以为她会崩溃地大哭起来，或者一气之下就不做了，但是，她并没有。我清晰地听到电话里老板的责骂声，她挂断电话后没有说话，默默找到之前手机里保存的原件，熬夜加班，在客户规定的时间内完成了作品。

那天下班的时候，我和她聊起电脑死机的事情，她笑着吐槽道："希望以后遇到的老板都能大方一些，不然做平面设计真是比便秘还难受"。

我被她逗笑，说着："要是我，我砸了电脑就跑路回家，哈哈。"

"要是换作大学的时候，我一定砸电脑，但是现在不一样，因为我不想回家躺尸啊。"

她说起毕业后的五年，觉得自己最大的收获就是懂得了一件事情——"职场上，你要干的事情一定不是你想干的事情，你必须要干的事情一定是你马上就要干好的事情。"

然后她看着我一脸严肃地说："在工作上，因为你一个人的失误或者任务的没完成造成公司利益的亏损，这种事情不仅仅只在电视剧里发生，后果比你想的要严重很多。

职场相对于学校，那是一个更加真实的世界，大家之间没有年龄的差距，也没有新人这一说法，有的就是拼命去干，而不是动不动就甩手不干"。

回到家，看着镜子里的自己，意识到，我还未曾真正长大。

05

也突然发现，出了学校之后，"甩手不干"不再是一句"我要退部"这么简单的事情了，而是告诉老板："我不做了，我要辞职"。

而现实生活中有多少人能有这样一以贯之的底气和资本呢？我渐渐开始权衡"甩手不干"和"抗争到底"对人的影响。我发现前者会让你越来越不知道自己要干什么、能干好什么，而后者则会让你明白自己应该干什么、并且接下来自己要怎么做。

在上海实习完，我回到学校，手头上就接了几个关于微信公众号运营的工作，每一份都是有酬劳的。这个时候我就很感谢之前的"抗争到底"让我积累了很多经验教训。

这是一种底气，我不会落荒而逃，不会在机会面前，只能默默地说一声："对不起，我不行，我做不好"。那样真的很可惜。

就像蔡康永说过的：15 岁觉得学游泳难，放弃学游泳，到了 18 岁遇到一个你喜欢的人约你去游泳，你只好说"我不会耶"，18 岁觉得学英文很难，放弃学英文，28 岁出现一个很棒但要会英文的工作，你只好说"我不会耶"。

当每一条路上的你都选择了"甩手不干"，渐渐习惯这种洒脱后，你会发现，你真的不知道该往哪里走了。或者说，在你想要重新来过的时候，说不定就有人跳出来说一句："看，她就是那个总是甩手不干的人"。

在这个麻烦又复杂的世界里，只有不要脸地撑下去，才有可能获得胜利，那种抗争到底的感觉很糟糕，但是，你会爱上它。

辑四

**余生漫漫，总有
美好值得期待**

对不起，我去星期八了

（小黄瓜/文）

01

我是一个上班族。对，别瞎猜了，就是那种穿着白衬衫，打着邋遢的领带，左手黑色公文包右手煎饼馃子的，随处可见的那种上班族。

我现在正靠在公交站牌上，玩着手机等 17 路车。× 城的初冬很冷，我不禁缩了缩脖子，从衣兜里摸出打火机点了一根兰州香烟。我从高中开始就抽这个烟，倒不是说它多好抽，只是因为它便宜。

突然有个叼着烟的女生走到我身边，挑了挑好看的眉毛问我：

"哥们，能不能借个火？"

我偷偷打量了一下这个女生，她身上松松垮垮地套着一件米色的卫衣，下身是一条蓝色的牛仔裤，脚踩一双小白鞋，很简单的模样，却又透露出一种好看的韵味来。

我忽然干了一件可能是我这辈子干过最大胆的事——我也冲她挑了挑眉毛，坏笑看着她：

"可以啊，一个微信一个火。"

那姑娘扑哧一声笑了，她夺过我左手的手机，把一个微信号输了进去，然后拿走我的火机，娴熟地点燃了嘴上的那支软云。她吐出一口烟，转身走

214　你点的赞，我都认真当成了喜欢

掉，走了两步，又转过身微笑看着我：

"我叫朵儿，如果下次有缘你再见到我，我就给你我的微信。"

我低头去看手机，手机屏幕上显示着中国移动的公众号。我忽然笑了，心想，这个女孩子，真有意思。

02

晚七点，我正洗完澡从浴室出来，手机叮一声响了，微信提示我有新的未读消息。我一边用毛巾揉我湿漉漉的头发，一边打开了手机。发来消息的是一个我从未见过的好友，头像是一个傻傻的蜡笔小新。

"星期二和星期四，你更喜欢哪个？"

"你是谁？"

"先回答，我再告诉你。"

"星期四吧。你是谁？"

"哈哈哈，恭喜你答对啦！"

"你是谁？"

"你猜，软云。"

我心底突然莫名开心起来。

"你不是说没加我吗？"

"我加了呀，只不过通过以后又把我的头像从消息列表抹去而已。"

"你这个人，没一句话是真的。"

"你管我呢，我乐意。"

我手指在屏幕上飞舞，完全没有注意到自己的嘴角早已上扬。

03

周末的电影院是真的挤，我举起端着可乐的双手躲避人流，在门口张望。我和朵儿在微信上约了今晚在电影院看电影，只不过到现在她还没出现。

后面有一只手碰了下我的左肩，我向左边看去，朵儿笑嘻嘻的声音却在右边响起。

今天她穿了一件黑色的 A 字短裙，搭配一条袜裤，脚上踩着一双白色的雕花马丁靴，挺可爱的，我忍不住多看了两眼。"看哪呢你！"朵儿发现我在看她的裙子，重重地拍了一下我的头。

我一下子脸红了，支支吾吾东瞄西瞄，朵儿倒也没说什么，笑了一下就把我拉进了电影院里。

我们看的是周星驰的《大话西游》，时隔多年，这部片子又被重新搬回荧幕。

星爷就是星爷，整个影院的人都在笑，哪怕是看过的，知道结尾而从一开始怀揣悲伤情绪前来还星爷影票的人，也不免哈哈大笑。

所以在至尊宝转世回到水帘洞的时候，朵儿的表现让我很奇怪。她莫名其妙地说了一句：

"多好，这样他和紫霞又在同一个时空了。"

不知道为什么，我觉得那个瞬间她好像，有一点点不开心。

"我很喜欢星期四的周星驰。"

电影结束的时候，朵儿突然转过头对我微微一笑。

04

正是宵夜摊吃得火热的时间点，我和朵儿百无聊赖地漫步在街上。晚上好似尤其冷，马路边冷风嗖嗖，刚被环卫工人扫过的人行道上又飘下一堆的落叶，旁边的路上一辆又一辆的车呼啸而过，把刚落到地上的梧桐叶又刮到空中。

"要不要去……咖啡店坐坐？"

我往手上哈了一口热气，扭头看向身边的朵儿。

她摇了摇头，两眼放光地对我说：

"马上就到了，一会儿带你去一个特别好吃的地方。"

于是过了两个街口，我们到了。我看到了家，金碧辉煌，典雅高上的……牛杂小推车。

她兴致勃勃地把我拉到推车边，拿了个碗就开始把牛筋往碗里放，我觉得如果不是我们在影院里吃了一桶爆米花，准确地说，是她吃了一桶爆米花，那么我估计她的口水已经滴下来了。

我看着她专心致志挑肉的样子，觉得这个女孩子越来越有意思了。

05

就这样，我单调无味的小日子，因为有了朵儿的加入，而开始有趣了那么一点起来。

好像有了朵儿以后，我在职场上也越来越顺，有一单任务完成得特别出色，得到老板赏识，仅仅半年就爬到了主管的位置。

朵儿特别高兴，请我去吃火锅。吃到一半，她让我帮她夹一块毛肚，我站起来夹毛肚的时候，她突然站了起来，在我左边脸颊上亲了一口。

有的人是在宿舍下摆一圈玫瑰大喊"我爱你"，两个人成了男女朋友，有的人是在六十楼的观光旋转餐厅共度晚餐后成了男女朋友，我和朵儿是吃了一顿一百二十八块五的火锅后成了男女朋友。

我觉得，那块毛肚，真好吃。

06

之后顺理成章的，我和朵儿的约会渐渐多了起来。而随着我们之间关系的进展，我也慢慢发现，朵儿身上，仿佛存在着千百种样子。她会在买了冰激凌之后，含一小块儿然后飞快地在我脸上啄一口，会在一起游泳的时候把我的头摁进水里然后咯咯地笑；她点烟时有专注的模样，以及我忘不了送她到楼下的时候，抬头看我，眼里全是温柔。

只是有一件事我一直很奇怪，每到星期一至星期三，我怎么样都找不到她，她整个人就像凭空消失了一样。

而之后我每次问起这件事，她总是对我笑一笑，就拉着我去干别的事了。

07

二十号是朵儿生日，晚上她喊了一群朋友，去 Muse 蹦了个通宵。

别人灌她酒，她一概不拒，好像今晚不玩嗨掉就不叫朵儿。

这倒是苦了我，我挡了一瓶又一瓶，结果回头看她，她一个人拿着一瓶百威吹得正嗨。到了四点的时候，朵儿已经醉得不行了，整个人趴在吧台上，手还有一搭没一搭地跟音乐打着节拍。

我赶紧扶她出去透透气。凌晨四点的酒吧街其实人已经不多了，朵儿右手撑着额头，软软地靠在 Muse 门口的墙上，身子却不住地往下掉。我过去把她抱起来，昏黄的路灯打在她脸上，身后是酒吧喧嚣的电音。

我突然发现我从没有这样近距离地看过朵儿，她的睫毛很长，鼻子小小的，脸上因为喝多了酒呈现微微的红色。

我突然很想吻她。

朵儿晃了一下，然后用双手捧着我的脸，醉醺醺地眯着眼看了我一会儿。然后她放开手，抱住了我，开始喃喃自语。

"我们每个人，都只是在池里望天的鱼。大多数人都认为，一个星期是有七天的，可有的人不是，他们的生命里，是没有某些天的。有的人可能没有星期一，有的人可能星期一到星期三都没有，但其实他们的结果都一样。上帝和他们开了个玩笑，他们会慢慢地失去星期一、星期二、星期三、星期四……等到星期天也消失的时候，他们也就从这个世界上消失了。"

"多浪漫的死法，对不对？"朵儿忽然笑了一下，笑得很讽刺，"很不幸，我就是这种人。"

我酒全醒了，朵儿之前奇怪的行为现在昭然若揭。我的心一下子疼得厉害，脑袋乱哄哄的，像是要炸开来。

这时有个小男孩过来拉我的衣摆问我要不要买花，不买他就不松手。我一下青筋毕露，扯着嗓子嘶吼："我买你个头，滚！"

后来朋友和我说，我当时要吃人的样子，真像一头野兽。

08

次日下午的时候，朵儿醒了，她拉着我的手晃，笑嘻嘻地问我要不要去吃饭。我试探了一下，昨晚的事情，她完全都不记得。

"吃，吃，吃什么都好，你吃米其林三星我都跑去买给你吃。"我紧紧抱着她，声音有些颤抖。

她觉得很好笑地摸摸我的头：

"我说你今天是怎么了，对我这么好。米其林三星我不吃，三星冰激凌倒是想吃一个。"

之后我一直很紧张，生怕哪个星期四，朵儿就不见了。可朵儿倒是表现得很正常，每周四的晚上，都会按时到公司楼下等我下班吃饭，有兴致的时候，还买一朵玫瑰花藏在身后，等我下楼送给我。

我安慰自己，或许朵儿是过很多年才会失去某一天的，这样我就可以和她在一起很久很久。我们又恢复到以前的那种相处状态，只是我偶尔看着她笑的时候，心里隐隐有些难过。

09

一个月后我惊慌地发现，我周四也联系不到朵儿了。害怕与不安在我心里如涟漪般蔓延，我从来没有发现朵儿在我心里这么重要，我试着想了一下没有朵儿的日子，我想我宁愿让郭德纲当美国总统。

好不容易挨到周五，我一起床就打电话给朵儿。电话响了很久才接，那边显然没睡醒。"你昨天去哪了！"我急匆匆地问道。

你点的赞，我都认真当成了喜欢

电话那头一下子没了声音，显然她也知道发生了什么。

过了很久，朵儿的声音才从电话里传来，听上去很累，像是一个经历了太多的人，疲惫不堪。

"我……最近有点儿累了，我想一个人出去走走。"

她挂掉了电话。

朵儿出去旅游了，她去了新西兰。她和我说，她以前看《魔戒》的时候，就很喜欢电影里的景色，现在反正没事干，不如去取景地走走。

她发了几张照片给我，她站在碧蓝的天空下，头上是朵朵白云，她在风吹过的草地上对我微笑，照片里，她笑得很开心。

可是只有我知道，她哪里是没事干跑过去，她是没有时间了。

朵儿回来以后，我去机场接她，她看到我以后笑着冲上来抱我。

到家之后，朵儿一直和我说新西兰有多么好玩，那里的东西有多么好吃，她还在玛塔玛塔的草地上打滚，讲得神采飞扬。我凑上去吻住了她，把头埋在她脖子里，声音很低："我什么都知道了。"

她脸上的笑一下子僵住，我感觉到我侧颈湿了一片。于是我也哭，两个二十来岁的人，在小小的房子里，哭得像个傻子。她一直哭，就是什么也不说，我默默抱着她，难过得像是要死掉。

"上帝如果是一个人，我一定要干烂他血妈！"

哭了十几分钟，朵儿嘶哑着蹦出这么一句烂话。我绷不住笑了，可是越来越多的眼泪流了出来，怎么也止不住。

后来我们同居了，我陪她去干了很多这辈子没有做过的事，比如骑着沙滩车在海边绕了一圈又一圈。我们跑到城郊的山顶，看太阳升起，在第一丝光亮照到乌饭叶上的时候，她把头静静靠在我的肩膀。我们去了成都，她趴在熊猫饲养区的玻璃上，对着里面的熊猫宝宝做鬼脸。我们在游乐园的厕所里躲到打烊，然后跑出来，爬上过山车的架子，在上面歪歪扭扭地走。星光打在她身上，我望着身前那个摇摇晃晃的背影，恍惚人间一场梦。

10

某天周六早上我醒来，发现身边没有朵儿。

后来她搬走了，她说不想在她人生最后的时光里，让她爱的人看着她离开。

后来朵儿仿佛从我的生命里消失了，很多次我在公司里停下打字把目光从屏幕上移开的时候，都会在想这是不是我做的一场梦。

我不知道朵儿去了哪里，她说要让我慢慢地忘记她，她不会再找我了。

我想起她走之前，我点了一根烟，没有说话。她也掏出一根烟叼在嘴里，我转过去，吐出肺里的烟，把烟头对上她的烟头，看火星慢慢将它点燃。

我现在抽五十元一包的烟了，可是我和朵儿，是从十八块一包的兰州开始的。恍然间过去了那么多年，人说时间如白驹过隙，可我恨不得打断它的腿。

之后不知道过了多久，久到我已经满面胡茬。某天我在公司加完班正起身准备回家，手机上传来一条短讯：

"我去星期八了。"

我看了屏幕很久，然后把它砸了，一个人瘫在椅子上，看着窗外的灯火，忽然觉得很累。回忆如潮水袭来，从我眼里流出。心里是空洞而巨大的哀鸣，它在我千疮百孔的身体里回荡。我从椅上跌下。跪在地上，双手插入头发，泣不成声。

11

已经过去五年了，我不知道朵儿是不是去了某个我不知道的平行宇宙，或许那里有星期八，还有星期二十。

我现在过得很好，好吗？好吧。

我想我已经慢慢忘记她了，只是我拒绝吃火锅，每次我看到毛肚的时候，我的眼泪莫名其妙就会流下来。

别人问我怎么了，我说没事，辣的。

你站在风的端口

（摘胡子妹妹／文）

01

毛哥是个坏人。

我大一的时候毛哥大二，入学的时候是毛哥给我拎的行李。从此跟着别人叫他"毛哥"，整天屁颠屁颠地跟在他身后。

毛哥总喜欢用他那泰国小米蕉巴掌拍我脑袋，边拍还边骂："你整天正事不干，跟我屁股后面干啥？"

毛哥是哈尔滨人，毛哥说，入学的时候第一眼看到我，就觉得跟我很有缘分，我问他什么缘分，他说："父子缘"。

干净利落的短发，上着标准70年代港式黑衫，下搭一条破洞牛仔，左脚跨入校门的那一刻我觉得我是这个学校最酷的女孩。

忽然间一个诡异的男人出现在我面前，他问我需要提行李不。

我心想这人真虚伪，想帮忙直接上手啊，我答不需要，男人突然开口："我去，你竟然是个姑娘……"

02

我喜欢跟在毛哥后头，他去吃饭，我跟着去尝鲜；他去图书馆，我就跟着去学习。

我最崇拜他的一点是，虽然他看起来吊儿郎当，但是学期末还总能拿奖学金。

大一一整年因为整天都和毛哥待着，我没交多少朋友；毛哥对我很好，什么事都能想着我。

那时候我真心觉得就算大学四年只有这么一个好朋友也值。

我和毛哥关系好到什么程度呢？

他即使在谈女朋友的时候也会把我带上，每回我谢绝他的邀请时，他都说："兄弟女人都重要，再说了，你嫂子你不得把把关啊。"

我答："您不觉得我这个把关次数也太多了些吗！"

毛哥这样的人，适合做朋友，不适合做男朋友。

也不是说他随便，据他所言每段感情他都掏心掏肺，为对方吟诗作赋，车接车送，不说有求必应吧，起码是能做到的都可以为对方做。

我："你还会写诗？我怎么不知道。"

毛哥："网上抄的。"

我："那你什么时候有的车啊！我都不知道。"

毛哥："公交车啊。"

我："……"

不过就我所知道的，他身边的女孩没有超过一周的。

毛哥："谁说没有，你不就是吗？"

我："你不是不把我当女的看吗！"

毛哥："啊……你这么一说倒也是。"

我："……"

03

我把他这些症结都归结为情感过于泛滥。

你见过哪个大老爷们一失恋就哭的？还大多是他甩的别人。

去年的今天，我因为在未登记的情况下擅自离校，当着全院的面被通报批评。

那天他打电话说他要走了，留下一句"老地方见"，然后就挂掉了电话。

老地方很神奇，仿佛世界上所有的相遇分别都是从老地方开始，这里孕育着许多的离合悲欢。

我："不就是个失恋吗，你说你第一次失吧还行，可是你都失了这么多次了，人家都说见惯不怪，你就应该果决果断！再说莫愁前路无知己，柳暗花明又一村嘛。"

毛哥："放屁！赶紧来。"

他见到我的第一句话是："来来来，陪我开把黑！"

我和他一直打游戏到晚上十点。

中间除了偶尔会有像"集合呀，团呀，会不会玩""这脑残""别送人头啊"这样的短句飘过，毛哥就没有说过任何话。

我问："你到底啥事呀，磨磨蹭蹭是男人不？"

毛答："你再陪我玩一把。"

我："我不玩了，十一点宿舍门得关了。"

毛：“今天别回去了。”

我：“不回去，我住哪？”

毛：“陪我聊聊天，行不行？”

我：“你能不能别这么骚……”

04

毛哥第一次失恋在春天，我给他写过一张明信片：太多的巧合与错过穿插在岁月里，造就岁月的流水席，春花秋月，迎来送往，愿总有人逆流而上，和你相逢。

第二天他拿明信片来找我，问这是我从哪儿抄来的句子。

从那后我都写：不就失个恋吗，莫愁前路无知己，柳暗花明又一村。

毛哥第二次失恋在夏天，我陪他去了稻城。

我因为高原反应吐了一路，被他骂了一路的傻子。毛哥说他这辈子都不想再和我出去旅游，我求求他一定说到做到。

毛哥第三次失恋在冬天，非拉着我去广州。

那晚在珠江边吹着冷风，两个人哆嗦着走了好久好久。

你说思念会不会延着风，绕过时间的距离，吹到你的耳畔呀。

毛哥说他又分手了，这次是他被甩。

我说：风水轮流转，天地有轮回。

毛哥买了两瓶啤酒咕咚下胃。眼睛眯成了缝，嘴里都是苦涩：这次这个女生我是真的以为能走很远很远的。

我分明看到了他眼睛里的失望和难过。

就你以为，每次都是你以为。

毛哥接着说："不过没关系，反正我明天就走了，女人嘛……啊对了，差点儿忘记给你说了，小子，你这下当给我饯行啦！"

我纳闷："哈？啥要走？"

"交换生，两年后再见哈哈。"

"耶！"

"去你的，我不在你身边，你小子抽空也考虑考虑你自己的情感问题，找个人陪你。"

05

我送毛哥去了机场，走之前他拍了拍我的肩，告诉我要好好的。

我说兄弟间别矫情，该好的自然不会差。

毛哥走后，我交了好多好多朋友，只是不会再有一个像从前那般彼此亲密。

那天小夫问我，为什么不把内心真心的想法告诉毛哥。

我说我得让他走。

小夫："得了吧，你骗毛行，就别在我这装了，你看看毛走后你心不在焉的样子，全世界都知道你那小心思。"

我："十月国庆再陪我去次广州好不好？"

十月，小夫陪我又去了一次广州，我拉她去珠江边看小蛮腰。我说，秋天的小蛮腰真的别有一番韵味。

我挽着小夫沿着江边走，脸上隐隐浮上风吹头发拂面的刺痒感，长裙没有遮到的小腿部分感到丝丝寒冷。

我告诉小夫我想回去了，虽然很想再吃一口生滚粥，虽然很想再多看一眼广州的秋天。

回校的飞机上我问小夫，你听过一句话没有，"你如果想念一个人就会变成微风，轻轻掠过他的身边。就算他感觉不到，可这就是你全部的努力。"

06

其实我和毛哥一直在保持联系，只不过两个人都太忙了，少数视频通话的时候屏幕两端有的也只能是两个极其不正经的人。

毛哥说他很久没谈恋爱了，因为没人给他把关。

一次我心血来潮给毛哥分享张国荣的《春夏秋冬》。

毛哥惊诧道："原来你也听张国荣啊！小子藏得够深！"毛哥喜欢张国荣，我是到现在才知道。

后来我听了许多毛哥给我推荐的歌，还是最喜欢《春夏秋冬》。

五月，机场，女孩心想："我不需要别人陪伴，你是不可替代的，是我唯一日日夜夜面对面，见过我最狼狈时光的你。"

十月，珠江边，女孩心想："春夏秋冬，陪你走过的景色，都是我的心意，可是……可是我难以表明。你若尚在场，该多好。"

"秋天该很好你若尚在场，秋风即使带凉亦漂亮。"

和妈妈一起旅行很 *low* 吗

（旦二 / 文）

01

前些天在宿舍里聊天，聊着聊着就说起了出去旅行这件事。

实习前的最后几个小长假，我们都迫不及待地想把那些荒废过的假期给补回来，不浪费任何一个空闲，抓紧时间想要出去看看。

大家七嘴八舌地讨论着自己的旅行计划，有人想要跟男朋友一起刷遍地图的每一个角落，有人想要自己一个人做义工穷游全世界。我说："我打算在实习前跟妈妈一起好好玩玩，找个安静又舒适的地方，多待上几天。"就是这句话引来了室友的一顿吐槽。

"为什么要跟妈妈一起呢？"

"因为我妈妈也是个喜欢旅游的人，她也想出去看看啊。"

"可是我总觉得，跟父母一起出去玩，有点儿丢人啊，就感觉好像自己还没长大，到哪里还要父母陪着……"

这句话听得我着实有点儿蒙了。跟父母一起旅行，真的是件很 low 的事情吗？

我也想不明白，从什么时候开始，人们开始用这种事情去衡量别人是否独立？

02

每次打开微信刷朋友圈，总能看到各种花样百出的旅行照，却很少有人的照片中出现父母的影子。

好像自从上了大学以后，离开父母的怀抱，我们都不约而同地不愿让他们再频繁出现在我们的日常生活中，甚至不愿在众人面前坦然接受他们给予的爱，生怕这样会显得我们不够独立。

我记得之前有外地的学妹告诉我，她家在很远的地方，家里就她一个独生女。刚上大学那阵子，妈妈因为太想她，又怕她在学校吃不好，特意坐了八个多小时的火车，带着她最爱吃的饭菜来学校，只为见上日思夜想的女儿一面。

在宿舍楼下的接待室里，许久没有见面的母女俩相拥而泣，妈妈紧握着她就是不愿意松手，像怕她随时会离自己远去，还拿出千里迢迢带来的食物，小心叮嘱了许久。

但是谁会想到这个原本充满温情的画面，被刚进宿舍楼的同班同学看到后，变成了茶余饭后的谈资和笑柄。

从此她就成了别人口中那个上了大学都离不开父母怀抱的，不独立的娇娇女。

最令我难过的是，她说从那以后就再也没有让妈妈来学校看过她了。

其实，有些时候不是我们不想去接受父母的爱，而是缺乏拥抱爱的勇气，我们惧怕招之即来、挥之不去的误解，而无法坦然去面对这份爱。

独立这个词汇，被很多人用错误的方式去理解了。

我们的确需要独自一人去面对复杂世界的魄力，但这不意味着就不能接受别人的帮助和给予，更何况这份给予是来自我们最亲的人。

对于他们来说，把爱给予我们，就是最幸福的事了。

03

常常看到许多同龄人，在我们还在为期末作业怎么完成而发愁的时候，就已经背着背包一个人走遍大半个中国了。

这些人活成了我们眼中二十几岁最好的模样，当我看到他们发的旅行照时，我是真的很羡慕。

但这并不是适合所有人的生活方式。每个人的人生都有一条专属于自己的轨迹，别人无法复制，也模仿不来。

你只看到了她日行千里的洒脱，所以你不顾父母的担忧，仅凭着一腔冲动，在没有安全防范意识，没有任何应对突发状况的准备下，就匆匆踏上旅途，却不知她有强大的内心和独自打理生活的能力。

而你的决定并不能证明你已经独立了，即使你也走在路上。

独立是能够独自处理突发状况的沉着，能够笑对失败的淡然，还有一颗能独自直面挑战，敢于迎难而上的强大心脏。

我并没有不支持独自旅行，而是希望更多人在旅行之前，能考虑到多方面的因素，并做好万全的准备再出发。

在旅途中经历过未知事物的磨炼以后，才能够拥有独当一面的能力，逐渐学会真正的独立。

04

在知乎上看到有人提过一个问题——旅行的意义是什么？

本以为下面会是满屏的无病呻吟，没想到却出乎意料，被最高赞的回答感动得一塌糊涂。

这位答主环游世界，实现了很多人做梦都想实现的梦想，他在吴哥窟看过如油画般的日出，也感受过墨西哥雪山下的黄昏。可最让我感动的却不是这些，而是他为了完成妈妈的梦想，决定带着妈妈一起旅行。

他写道："可以让她对信仰有个交代，也可以鼓励她撒点野。"

照片中那个可爱的奶奶，站在莎士比亚故居前脸上满是藏不住的喜悦，也伸出双臂，双脚离地感受放肆撒野的畅快。

我没有想到的是，我的妈妈曾经也是个心中充满情怀的文艺少女，她向往着诗和远方的田野。

有一次我偶然说起自己要去哪里玩的时候，看到她眼睛里闪烁着渴望。

世界那么大，她也想去看看，只是为了家庭，她暂时放下了这些念头，一头扎进茶米油盐，一干就是好多年。

人什么时候去追求自己想要的，都不晚。在我们还可以陪伴爸妈的越来越少的日子里，不妨在旅途中和他们一起制造美好的回忆。

懂得爱与人生，才是旅行最大的意义。

算了，我还是一个人去看演唱会吧

（陈沫 / 文）

01

那天看到朋友发了珠江新城的定位，于是我评论了句："我也在哦。"

她立刻私聊了我，问我晚上有没地方落脚，没有的话可以去她那里睡一晚。

我想到她的公寓就在附近，于是回了句："好。"

那晚下了雨，我和同事在静吧里坐了一会儿，等到雨停之后，他们把我送到朋友的公寓楼下。我打电话给朋友，想说我到了，下来帮我开个门吧。

没想到电话另一头讲话的不是她，而是跟她合租的舍友。

是有点儿不耐烦的语气："她已经睡了，有什么事明天再打过来好吗？"

我小心翼翼报上自己的名字，想着我之前来住过一次，她的舍友应该记得我。

是更加不耐烦的语气："她没说你要来哦，我都已经睡了，被她这个手机吵醒的，那你现在是要怎么样，要我下去给你开门？"

我马上就怂了，说了句"不好意思"便匆匆挂了电话。

当时的我，窘迫得就像一个无家可归的乞丐，如果不是因为同事还在不远处等我，我想我一定会忍不住蹲在地上哭出来吧。

后来同事问我："不能麻烦那个舍友下来开个门吗？"

我不知道怎么回答，因为他说得对，如果我再坚持一下，也许那个舍友会愿意的。

可我做不到，我就是很尿。哪怕对方流露出一点点的不愿意，在我看来都是赤裸裸的拒绝。

所以不如算了吧。

02

几天前，我喜欢的男生问我："五月天的演唱会你还想去吗？"

我想了想，说了句："算了吧，到时候你录个小视频给我就好了。"

其实当初他邀请我一起去的时候，我是有过期待的，还郑重其事地把这件事写了下来，贴在床头。

可惜那天还没到，我就把它撕了下来，揉成团，扔进了垃圾桶。

很别扭吧？明明想去，却又要亲口拒绝。

我给自己想了很多理由，比如：怕尴尬，不想打破原有的距离，觉得现在还不是时候……可我知道，真正的原因不过是，他问了我一句："你还想去吗？"

我从这问句里，听出了他的迟疑，于是我就懂了。

大家都以为，那些总爱说"算了"的人，都是无所谓的人。其实不是的，他们只是听懂了对方那句没说出口的拒绝，为了不让对方难做，才先做出了让步。

放弃一件事，不一定是因为那件事不够重要，也可能是觉得自己不够重要。

就像《礼拜天情人》里的那句：我想你只能给我这么多。

既然如此，那我也没有资格索求更多。

于是越来越明白：在面对不属于自己的事情时，说"算了吧"是一个成年人该有的自觉。

03

Cindy 前几天和男朋友分手，心情不好约我去喝酒。

在嘈杂的吧台边，她点了杯"今夜不回家"，是一款度数比较高的鸡尾酒，我让她别喝那么多，可她还是大口大口地往自己嘴里灌。

很快 Cindy 就醉了，似乎是酒精给了她勇气，她开始跟我讲和男朋友分手的原因：

他们在一起三年了，没怎么吵过架，现在却因为毕业后在哪工作的问题而起了冲突。

她已经决定要留在广州了，但男朋友的父母却执意要他回家工作，彼此都没办法妥协，最后只好分手。

"分手后挺舍不得，毕竟都在一起这么久了。"说到这里，Cindy 顿了顿，看着我说："其实，他也来找过，问我想不想复合，但不知道为什么，我还是说算了。"

我问她："既然你也舍不得他，为什么要说算了？"

她好像真的醉了，头发凌乱地趴在桌上，很久才开口说："因为我不确定，自己在他心里是不是真的重要吧。"

动不动就说"算了"的人，其实没有那么酷。

相反，他们可能很敏感、很懦弱，总觉得自己没有资格麻烦对方，才决定说算了。

就像我开头提到的那个朋友，她第二天打电话过来跟我说："对不起，没想到你会那么晚才来，我12点左右就睡着了，所以没有接到你的电话。"

我说没关系的，可她依然在不停地道歉。

挂电话前，她还内疚地说："下次你来，我一定会把你放在心上。"

但其实我明白的，这根本不是她的错，只是我太高估自己在她心里的位置了。

对朋友来说是这样，对喜欢的人来说，也是如此。

后记：

这篇文章我发在了自己的个人号上，深夜两点发出去的，点击"群发"之后，我就关电脑睡觉了。

第二天起来，睡眼惺忪地看到他发来的消息，是两张演唱会门票的截图，和一句：

"一起去演唱会吧，别让我一个人。"

我想我是幸运的，因为我的"算了吧"得到了意料之外的回应。

遗憾的是，这世界上有很多人和很多事，说算了，就是真的算了。

我爱了那么多年的人，她死了

01

"有没有什么事情是你一直都接受不了的，即使它真的已经过了很久很久。"

"有啊。"

"什么事？"

"奶奶的去世。"

……

真的挺久了，将近七年。初中，高中，再到大学，我身边的人已经换了一轮又一轮，像割麦子一般，一茬又一茬。可我还在计较着那个人没有一直陪着我，来分享我的各种情绪，好的坏的，有的没的。

身边的人，来来去去，走走停停，兜兜转转，络绎不绝，我依旧没学会告别，更别说接受你已经离开的事实。

02

那时候的我怎么能那么作。

北方的夏天，从来都是蝉声聒噪，热气弥漫，一不留神就要蒸发，这个时候是很适合抱着一颗瓜安静地度过整个下午的。

院子里的凉棚下聚着一群老人侃大山，人老了天太热就很难睡着。我在屋子里面，在他们的一片嘈杂声中入睡，能听着他们的谈话声，会让我睡得很安稳。

当我睡醒，莫名就听不到他们发出的任何声音了，总觉得他们趁着我睡着的空当干了什么不得了的事情，十有八九我是被遗弃了。

这个时候，我就装哭，而且哭得很大声，我是想让奶奶听到，让她慌慌张张赶回来看看我。

拐杖声越来越近，清晰又遥远，才能给我安慰。

明知道她肯定在院子里，还跟老朋友们聊得很起劲，我却装出一副受了委屈、受了惊吓，需要亲亲抱抱才能好的样子。真是够了。

同样的招数我用过很多次，只要睡醒看不到奶奶我就哭，戏很足。

我可以感觉得出来，奶奶是真的觉得我是梦到了什么，也总是匆匆赶来。甚至是，聊天聊到一半，看着时间差不多了，就回到屋里坐在床边等我醒来，不曾烦过我。

还记得院子里有一只公鸡，霸道又张扬，每天的乐趣就是带着它的小伙伴等我经过。终于有一天我受不了了，就去找奶奶哭诉，运用了大量比喻、夸张等修辞手法罗列了这只公鸡的罪行。最后，故事以公鸡的死作为结果，我不愿意吃它的肉作为尾声……

实话说，我被奶奶惯坏了。以至于很多年后，那份安稳的依赖感，我再也没有找到过。

后来，跟别人相处，找人帮忙，日常小心翼翼，生怕会招人烦。

03

"你有没有哭啊，或者很难过，就是在毕业的时候？"朋友这样问我。

"没啊。"我一脸的难以理解，然后对着他一脸的不可置信。

对于毕业没有任何感触的我，曾经也是一个矫揉造作的小姑娘啊。

放学后接到奶奶的电话，眼泪总是比语言来得要早。

那种见不到的难过，就像玻璃杯掉落的那个瞬间，慌张害怕，凌乱的碎渣全部扎在了心上。

一年也就相处两个月而已，回家的时间总被我拖到开学前一天晚上。虽然迟早都要离开，可和奶奶多待的那一两天，甚至是一两个小时对于我来说都是意义重大。

奶奶目送着我离开，看着我越走越远，我不知道她是怎样的心情。而我的心情就是那只玻璃杯掉落的瞬间无限延长，大概有一个世纪那么长。

整整一小时的车程，我都在哭。一个小孩，在回家的路上坐在角落里哭泣，想必内心很有戏。

那种眼巴巴盯着时钟，希望时间过得慢一点，再慢一点的离别情绪，早都没有了。

后来的离别，跟那时候的感情比起来，都太轻太轻。

当你经历过很真诚的感情之后，即使也遇到了很多事，更多人，假意或真心，都显得微不足道了。

04

"奶奶去世了，你怎么办啊？"这是病重的深夜搂着我对我说的话。

怎么办啊，我从来没想过。即使到了那个时候我也没想过。

我忽然后悔起来，前几天还对她发了脾气，而她在生命的尽头担心的，只有我。我想道歉，然而道歉终究意味着疏远。所以，我什么都没来得及说。

病痛太难熬了，奶奶终于不再坚持了，离开了这个世界，她离开时我不在她身边。

"对不起，奶奶真的不能再陪你了。"再也没有人陪我写作业到深夜了。

那时候我就知道，总有人不得已要走。

越是长大，越是责备我没有好好珍惜，那份遗憾总是越来越深刻，变得更加的难以释怀。

我没有办法原谅当初对奶奶恶语相向的我，那个不听话的我，我开始厌恶自己的脾性。

有点理解史铁生的《我与地坛》了。

"这倔强留给我的只有痛悔，丝毫没有骄傲。我真想告诫所有孩子，千万别来这套倔强，我已经懂了，可已经来不及了。"

《我与地坛》还在，我与母亲却再也难以相见。所以，对亲近的人，耐心一点，再耐心一点。

嗯，对周围的人，也请耐心一点，真诚一点。

05

　　短短几个月，身边的人一个接着一个离开。那种对现实的无力感困扰了我好久。

　　不知道从什么时候开始，我开始跟每个人好好相处，努力让自己成为性格很好的人，答应别人的事情一定做到，尽力把自己的事情做好，不过是希望我可以有能力留住我想留住的人。那种浑然天成的交集，错过多可惜。

　　而我留不住，我谁都留不住。

　　仿佛历史重演。

　　喜欢一段关于失去的描述——

　　在你的人生里，留到不能再留，就只剩下离开。离开之前，让我们好好相爱，离开之后，让我们永无怨忧。

　　接受不了离开，那就不要逼自己接受了。毕竟，接受与不接受，都不影响我们的选择。

　　除了生死，想留住的人，也可以继续追求。

　　我们，依旧，可以，好好生活啊。

我爸就是那个油腻的中年人

（皮柚／文）

01

我爸早两年还是很帅的，这一点我必须先说清楚。现在有了啤酒肚，其实，也很帅，这一点我也没法否认。

有一次，我跟我爸说："要不你别喝酒了，你算算你买酒的钱，省不了多久就够我买一个肾了。"我爸反问我："我什么时候说过不给你买东西吗？为什么要我戒酒？我不喝酒哪来的钱给你买东西？"

我第一次开始思考，这个啤酒肚越来越大的男人是不是真的爱喝酒，他每次和人出去吃饭，点那么多菜，有几样是他喜欢的呢？

那他喜欢吃什么菜呢，在家里我和弟弟不喜欢吃的都夹到他碗里了，他说："这个好吃的，是你们不会吃。"

我爸小学毕业。我没见他看过书。这么多年，我爸唯一坚持学习的就是做菜，无论吃到了什么好吃的菜，都要研究一番，回来依样画葫芦做给我吃。他平时的消遣就是追剧和刷手机，看电视到感人的地方比我先掉眼泪。

这个世界很大，他一般都是躺在沙发上看一看。

02

其实，当年我爸辍学不是不喜欢读书，小学毕业后没有收到初中的录取通知书，以为自己没有考上初中，直到有天砍柴回来碰到了自己的老师，才知道是爷爷把通知书藏起来了，因为家里没钱。而我曾经在老家的柜橱上面翻到盖满灰尘的本子，里面都是一些打油诗。我爸年轻时写的，真算不上多好，只是看着看着容易眼睛发酸而已。

"你要是多读点书，会混得比现在好。"

"对，我已经老了，读不进书了，你以后要混得比我好。"

我爸和很多中年家长一样，把"知识改变命运"的寄托都扔在了自己的孩子身上，他不断工作，给我交学费，买辅导书，上兴趣班，上补习班，让我什么都别担心，只要好好学习。

"你看，他们多不思进取，几十岁的年龄了还不知道要多学习，忙着家庭就放弃了自我提升。他们不优秀啊，不努力……"这样说，就能显得自己很厉害的样子吧。

"你爸这一辈子就这样了，以后都看你们了。"他只想做个平庸的中年人了，可是他做不到的，从我来到这个世界上的那一刻，"平庸"就再也跟他没关系了。

03

有时候想想，我读过的书真是比我爸多多了，听过的人生鸡汤也比他多。再则我们俩走过的桥也差不多了，他未成年就走南闯北，挣钱养家，而我则拿着他的钱，旅游。可我爸还是喜欢教育我，可我还是乐意他教育我。

首先，他是我老子，这种我只要听着就行而能让他有那么些成就感的事，我很乐意去做。其次，只要坚持真善美，我们三观就能求同存异了，而专属于他那个年龄的智慧，常常令我茅塞顿开，不得不感叹这个被岁月捶打的男人真帅。最后，相对于在网上"实名反对×××"我倒是认为面对面反对我爸更有趣。当然这是我爸，不排除我有盲目的个人崇拜。

于是我趁着和一堆"90后""00后"在烧烤摊撸串、喝啤酒，谈人生理想的时候，问了问他们对于中年人"好为人师"这个问题有没有什么建设性的想法。新染了电光蓝发色的菜菜说："人家靠本事活了这么多年，吃了这么多盐，当然要拿出来显摆显摆呀，没毛病。"这确实是个很有建设性的想法，大家都碰杯表示认同。

而也有人觉得中年人具有独特的幽默，让他们在指点江山的时候散发着魅力。偶尔被"指导"几次，也算是陶冶情操。至于夸大事实，胡搅蛮缠一类的人物，自是拿出 21 世纪新青年的学识与修养来，左耳进右耳出罢了。

撸串几轮过后，我对大家说："给你们讲个笑话吧，我爸这个年轻时候抹着发油、穿着花衬衫的汉子，自从步入中年，购物能力已经基本丧失，只剩下结账这一本领了呢。"我说了个冷笑话是吗？大家都沉默了。菜菜趴在男朋友的肩上，有点红了眼眶。

04

当"油腻的中年人"一词盛行于网络的时候，很多人都在对比着那些条条框框，庆幸自己不是，或者庆幸自己爸妈不是，可是谁是呢？那个在外喝酒的时候一套套劝酒词，回家系着花围裙做饭的我爸是；那个每天忙着开会忙着应酬，凌晨回家直接瘫在床上的菜菜爸是；那个自拍照片被做成畅销抱枕，被夸赞拥有有趣灵魂的高晓松也是。

听过一句话："哪有什么岁月静好，不过是有人在替你负重前行。"我不想为爸爸们辩驳，因为这样的辩驳在我看来毫无意义。

很多时候，是他们不得已的油腻，成全了我们自以为是的清爽。

今年过年回家，想和我爸坐一起，开箱酒，听他说说"想当年……"

比起小奶狗，我更想和费启鸣谈恋爱

(左耶/文)

01

前不久，好友露露发了一条甜腻腻的朋友圈："我要去给我的老公狒狒当经纪人啦。"并附上费启鸣开拍《我在未来等你》的官方剧照，同时还有费启鸣的那句热情真挚的问候："你好刘大志，我是费启鸣。"

惊喜之余，我在底下气鼓鼓地评论道："狒狒明明是我男朋友！请不要随便对号入座。"不到一分钟，露露那边又理直气壮地怼了过来，"请你不要来打扰我和狒狒的二人世界。"

就这样，你一言我一语，一场女人之间轰轰烈烈的口舌之战由此引爆。

我和露露对费启鸣倾心的缘由是一段曾经疯狂走红网络的抖音视频。关于前任男友和现任男友掉入水中这种世纪难题＋烂梗结合体，费启鸣却抛出了巧妙的解答。当费启鸣问"你愿意做我女朋友吗"时，我和露露已经在心里把牵手接吻、婚嫁生子、白头偕老这种完满剧情演绎了不下一百遍了。我和露露后来掐指一算，被费启鸣这段视频弄得心花怒放、无法自抑的小姑娘们估计得排到南极上了。

02

尽管如此，很多人依旧无法理解为什么这么多人迷费启鸣，明明没有什么作品，仅仅靠抖音走红的他不过是一枚普普通通的素人。我室友就曾和我吐槽过："我觉得费启鸣长得很一般啊，实在弄不懂为什么那么多小姑娘粉他，反正我是 get 不到他的点。"

但是深入了解之后，你会发现，很多人都招架不住费启鸣身上的那种盐性气质。盐是一种清浅的味道，淡淡的，清味悠长的。

我在百度上特地查了关于盐系少年的定义，"盐系少年是介于'浓重调料'和'清淡酱油'之间的'适中盐味'的一种男子，感觉上来说就是形容不造作、简单、自然的男子。"盐系少年更容易以平淡取胜，男女通吃。最关键的是，盐系少年非常耐看，最后你甚至会觉得，他们在所有的"酱醋茶少年"中是最好看的。

总而言之，盐系少年最大的特征就是简洁、清爽又干净。这种盐系少年，明明就是我心目中的最佳男友标准嘛！

03

其实"盐系少年"这一词的源流来自于日本的坂口健太郎。关于"盐系少年"这个称呼，坂口健太郎有种终于找到自己归属感的惊喜，"最初很惊讶，觉得这说法很妙，因为我一直被说长得很清淡。"

作为"盐系掌门人"的坂口健太郎并不是五官特别精致的男生，但他身上特有的那种海风般清爽文艺的气质为他收割了一大拨迷妹。坂口最大的点睛之笔在于他保留了年龄的透明感，无论是动态的还是静态的，这种透明感都为了他稳固了"盐系掌门人"的地位。盐系少年虽然气质偏于平淡，但是一笑起来便可撼动全宇宙。

坂口被迷妹们亲切地称作"坂口小天使"，可见他笑起来有多温暖、和煦了吧。

费启鸣笑起来也让一大拨迷妹心里花枝乱颤，露出整齐亮白的八颗牙齿，戴着金丝边圆框眼镜，白色衬衫简单款，原本俊秀的他越发清朗阳光。同样以"盐系少年"著称，笑起来给人一种如沐春风，春水初生的清澈感的还有山崎贤人、易烊千玺、边伯贤、金大川、浅野启介等。

自从挖掘了这么多的盐系少年，我发现我的盐系男友队列又大大扩充了一番。

04

庆子是标准的佛系文青女，秉持"随缘交友，随缘恋爱"的她就成功追到了一位盐系少年。

明明听着庆子吐槽她男朋友，结果却被喂了一下午狗粮。

庆子的男朋友一开始让庆子入迷的就是他身上那种清淡认真的气质。他喜欢摄影，经常摆弄着自己的相机，庆子每次看到他认真拍照，时不时嘴角上扬的样子，就沉迷得越发不可收拾。

庆子的男朋友不太擅长甜蜜蜜的情话和浪漫的桥段，以至于庆子时常吐槽和她男朋友在一起太寡淡了。就是这样寡淡的男孩子追起人来真叫人招架不住。

就是那次我们几个疯狂迷恋费启鸣的时候，庆子也在朋友圈对狒狒赞不绝口。在这之后，她男朋友半天没有回她。晚上准备入睡前，突然给庆子发过去一段视频，模仿费启鸣的套路，最后挑了挑眉毛，温柔地笑道："庆子，你愿意做我女朋友吗？"就这样，庆子被甜得一个晚上睡不着觉。

"明明是盐系少年，可是总是会不动声色地甜翻你。"庆子笑眯眯地朝我撒出了第二把狗粮。

05

有一段时间，庆子的学院要求他们早起上自习，庆子又是那种赖床特别厉害的女生。于是，庆子的男朋友顺理成章承担了每日喊她起床的重任。

有一次，庆子的男朋友给庆子打电话，庆子捂在被子里，睡眼惺忪地接了电话，声音压得很低很低："好早啊！你干吗这么早喊我起床？小声点，我室友还在睡觉。"于是，庆子的男朋友也压低了声音，一个字一个字轻声细语地说道："庆子，你这个大懒猪，快起床啦！"

庆子本来还有点儿起床气，瞬间被男朋友这种可爱的举动甜到了。你一句我一句，好像小时候和好朋友说悄悄话一样，那种伏在耳边轻微的说话气息和秘密被告知时的甜酥酥立即蔓延了整个早晨。

"怎么说呢？我很好这一种清秀文艺的男生，他在气质上就制服了我，加上他那种没来由的认真，真的是可爱死了。"

比起小奶狗，寡淡的盐系少年暖起来才真的具有杀伤力呢。

06

毋庸置疑，和小奶狗谈恋爱实在是太甜了！他们年纪小、黏人、专一，懂得服软，时不时给你来一点小浪漫，有他们在身边，生活中处处都是软腻温柔的。我虽然很中意小奶狗的长相，但是我无法接受小奶狗的恋爱相处模式，那种动不动就凑到你身上，露出一副人畜无害的奶相，整天黏在一起的恋爱我还是谈不起的。

太甜了，会腻的；

太黏了，会厌的。

相反，和盐系少年谈恋爱就像薄荷初食微涩，继而在舌尖上漫开的甜味，很温柔的伏击，而不是小奶狗的那种直白浓烈的甜腻。盐系少年的处事气质、生活方式都是那种波澜不惊的，稳重自持，清澈干净，给人一种天然的安全感。盐系少年是靠气质取胜的，和他们谈恋爱不用太过亲密。双方之间保持一种恰如其分的空间和距离，我们各自忙各自的事，但又不用担心过于冷清，彼此之间保持既各自独立又相互联系的关系。

这种清爽，带着点冰盐气质的恋爱才是真正甜吧！

如果用温度来衡量各类少年的性格，小奶狗体质，是101℃；高冷禁欲系，是12℃；而盐系少年刚刚好是36.8℃，不冷不热，是海风拂面的温度，接近于人体的舒适状态。盐系少年的36.8℃并不是代表他们没热情，易清冷，反之，内心倒有璀璨温暖的一面。

真的好想和盐系少年谈一场恋爱啊！

毕业时说的再见，却是再也未见

（皮柚/文）

01

2017年6月8日17：00，终考铃声响，高考结束。考场外大大小小的饭店都已经换上了"×××班毕业聚会"的标语。

考试一结束，就该吃散伙饭了。

大家会举着酒杯，含着眼泪，说着："一定要再见啊，大学来找我玩。"

我们都以为，说了再见，就真的能再见的。

02

W是我中学时代最要好的朋友，我们做了三年的同桌，六年的同学，分享过六年的喜怒哀乐。

她对我的好，是仅次于我爸妈的。

盛夏，三十几摄氏度高温的天气，我说我没吃饭，她出门买我喜欢的饭菜给我送到家。

暴雨，从小就怕雷电的她，带着伞去接我，回到家的时候，两个人都浑身湿透。

寒冬，平安夜那晚，下了很大雪，她打电话给我说："我没办法请假，晚饭时间太短了，不能去你学校见你。"语气里都是委屈和歉意，我妈告诉我，她把苹果和花送到了我家，她的手冻得冰凉。

高三那年的生日，我收到她给我的厚厚一叠明信片，明信片的背面，都是她的日记，一天一天，整整六十一天，没有间断，她把她所有的心情和思念都写在上面，有好几张还被眼泪弄糊掉了。

而我，也以我能想到的所有方式，真心对她好。

毕业聚会那晚我们喝了很多酒，说了很多话，流了很多泪，她说："无论以后我去哪，你会一直在我心里。"

后来，她真的去了很远的城市，送她的时候，我说："我会想你的。"

她说："来找我玩。"

03

刚到大学的那段时间，我们确实经常煲电话粥，视频聊天，也会说各自遇到的有趣的事情，一切都和想象的一样好。

可是时间一久，我们的朋友圈也开始变了，她有她的社团，我有我的部门，那些靠在她肩上做鬼脸的人，我一个也不认识了；那些她说的笑话，我也不知道笑点在哪里了；那些她讨论的话题，我要百度才能参与进去了。

我们曾经聊也聊不完的天，一不留意，就聊死了。

再后来，好像大家都变忙了，电话越来越少，联系越来越少，"有时间来我学校"再也没被提上日程。

似乎在某个晚上道了晚安之后，我们就开始渐行渐远。

然后再也未见。

去年春节的时候，有天我妈突然对我说："你打个电话给小 W 吧，让她明天来家里吃饭，你们好像也好久没见了吧？"

爸妈还记得 W 喜欢的口味，可是当我打过去电话，才发现那个存在我通讯录里好多年的号码已经是个空号了。

我真从她的世界淡出了。

04

毕业聚会那晚，我们班画了棵同心树，每个人的名字都写在上面，班主任在树根那里写了一行字："602 班，永不分离。"

怎么算是永不分离呢？

班级 QQ 群里，人一个都没少，最开始的时候，天南地北的人每天都热火朝天地讨论着各种，而现在呢，偶尔有人求个点赞，或者拉个投票，或者发个广告，回应更是寥寥。

之后我们还做过"蹭饭地图"，五十几个人都变成一个个小点，散落在一方方土地上。

我们当时笑着以为自己真的会去蹭一圈，而现在，很多人即使见到，也叫不出名字了。

再后来的同学聚会，看似热闹，却是说不明白的尴尬，那些曾经一起在课上吃东西，课后讨论八卦的人，再也不能那样热络了。

人们都说："没事没事，只要曾经遇到就已经很幸运了，而我们总要有新的朋友，总要向前看的。"

05

嗯，我有新的同学，新的朋友了。

身边出现了新的一批人，一起逛街，一起唱歌，一起吃饭。

可是，却很难再有推心置腹的好友了。

可是，我心酸难过的时候，最先想到的还是那个大半夜陪我喝酒撸串的人，开心快乐的时候，最先想到的还是那个笑我神经病的人。

可是，看到那些漂亮的发卡还是会想起她给我梳的羊角辫啊，看到她喜欢的动漫周边我还是习惯将它带回家。

可是，听到熟悉的歌还是回想起她甜甜的笑啊，还是习惯把她也许会喜欢的歌都收藏。

可是，我还是很在意她的身边又出现了什么人，她们对她好吗，她会忘记我吗？

"逃得过对酒当歌的夜，逃不过四下无人的街。"

06

最令人难过的，不是我们走散了，而是即使好久不见，可我还是常常偷偷想你。不是我还是常常偷偷想你，而是即使我很想你，却不敢打扰你。

无论自己遇见的新伙伴有多么不懂自己，遇到的新情况如何委屈难扛，都不敢轻易去打扰曾经那个陪自己一起笑一起哭，发誓要一起疯一辈子的人了。

可是我啊，懦弱得不像话，W家离我家十五分钟的车程，我还是不敢去敲开她的门。

　　我还是不敢当面问："你好吗？想我吗？我很想你。"

　　希望她没有忘记我。

　　只是和我一样，还没想好怎么问候。

　你点的赞，我都认真当成了喜欢

我妈让我考教师资格证

（鱼甜 / 文）

01

上午的时候，小厮给我发来消息："还是家里好，一到学校心慌慌。"我知道，开学了，越来越多的人变得焦虑起来，毕竟想想上半年接踵而来的考试，就觉得喘不过气来。

而最让小厮喘不过气的是她即将面临的教师资格证考试。去年下半年的教师资格证考试她没合格，本想着就这样放弃了，却被她妈妈一通电话骂个狗血淋头，最后还是决定好好参加上半年的补考。

我一直认为，如果一个人真的热爱一个行当，不用人催，他也会努力的；若是不热爱，催也没用。但偏偏，在考教师资格证这件事上，妈妈们的催声却格外热烈。

"我妈要我考教师资格证。"这句话已经耳熟能详了，似乎每一个父母都认为教师资格证是今后的救命稻草，找不到工作，有教师资格证就好办很多。

02

教师这个职业之所以这么受父母的青睐，来自于这份工作的三个优点：福利好；假多；稳定。

其实，仔细想想，我妈也正是这样，而面对她的要求我也是一再回绝。我知道现实残酷，可我也真的不想当老师。

今年过年回家，家人又再同我说当老师的事情，数落我不知道当今社会竞争压力有多大，连家里受教育程度最高的叔叔也说我年轻气盛，不懂未来的路有多难走。

"女孩子嘛，安安分分当个老师，嫁人生小孩，就这么点事情。"面对我执拗的态度，我经常被大人们这样说我。在学校待了十几年，看着身边来来往往的老师，我并没有觉得老师这份工作有多么轻松，反而，在这三尺讲台上一站就是十几年，我想只有真心喜欢这份职业的人才会从中体验到满足与幸福。

很抱歉，我并不能成为其中的那一个人。我们常常在成长中一往无前，埋头苦干的同时，也忘记了给自己一条退路，年轻的时候也真的以为自己的人生是不需要退路的。可是对于爸妈这种过来人来说，我们的固执是幼稚、是自以为是，是不知天高地厚。

03

开学的时候，室友突然买回了一堆教师资格证的复习资料，说自己准备要考教师资格证了。

我问她怎么想通了，她说："我妈说我考上了奖励我一万块钱，我姥爷也奖励我一万块，挺划算呀，哈哈。"父母还真是费尽心思，这种奖励制度在高中的时候经常见，考试考到前几名了，奖励你一部手机，进步了奖励你五百零花钱……

没想到到了大学，考教师资格证这件事情又让它重出江湖了。不得不开始思考，究竟是什么让人如此容易动摇？难道真的是家人奖励的那两万块钱吗？我想并不见得。

父母给予你的压力是一方面，另一方面是你自己真的很迷茫。

当代大学生的迷茫体现也绝不仅仅只有考教师资格证这一件事情，从近几年的"考证热"就能轻而易举地发现。

大学生在考证的时候，更多的人都在想"我要考什么"，而不是"我想考什么"；不辞日夜地背书刷题，把大学过得像高中一样，只不过是为了在激烈的就业竞争中增加获胜的筹码。

很多人都认定手握筹码越多，胜算的概率就会越大；但是，这造成的却是大学生的盲目跟风，社会资源遭到浪费，一哄而上最后变成了一哄而散，局面令人哭笑不得。

所以，越长大，越开始羡慕那些面对任何选择时依然活得自信而笃定的人，知道自己要做什么，要去哪里，然后一往无前。

04

我身边的喵学姐就是这样一个人。

大一的时候我认识她，第一次见面，她用简短的几个字快速地介绍了一下她自己，给人一种精明能干的感觉；后来在她部下工作，有幸与她共事，发现她每天手里都离不开一本英语单词书，每次开完会都火急火燎地抱着手里的书本离开，后来和她渐渐熟识起来，她却要离开团队了。

我问她为什么，她轻轻地刮了一下我的鼻子，说："小可爱，老学姐要为明天奋斗啊。"后来才知道，她是为了迎接中传交换生的考核，于是她早早地在大二上学期把英语六级通过了，然后一门心思扑在了专业知识考核的准备上。大二下学期的时候，她终于成为全院获得中传交换生的唯一名额。

那些夜以继日的辛苦在获得那份荣光后似乎就不值一提了，不论怎么样，她靠自己满足了心底那股火焰般的躁动。

秉承着对自己要真诚的原则为自己的人生做出选择，在这个时代，这样的她显得尤为珍贵。

05

我想起了美国心理学家马斯洛的一段名言："如果你有意地避重就轻，选择去做比你尽力所能做到的更小的事情，那么我警告你，在你今后的日子里，你将是很不幸的。因为你总是要逃避那些和你的能力相联系的各种机会和可能性。"

人天生就该有发芽的欲望，那股拼着命想向上生长的心才是年轻人该有的东西。

不论时间过了多久，你内心对于人生方向的答案也不该被时间所模糊，难道有人说当老师好，你就给自己找理由考教师资格证？难道爸妈要你去考公务员，你就去考公务员？最后你看到优秀的人和更优秀的人站在一起读书交谈的时候，又开始了踌躇不定。

当然来到这世界上，难免会产生失望，发现自己的青春里有大半的时间里我们都在孤单的行走，剩下的时间便是在选择，不断地权衡，只为拥有一个能让自己活得更好的方式。

可惜兜兜转转才发现，真正让人活得更好的方式，便是遵从内心。

我们总要习惯，没有谁能陪谁走完这一生

（大黑牛/文）

01

8月30日，麦子在朋友圈发心心念念的火锅终于吃到啦。

9月18日，麦子发了四张和其他朋友一起在试衣间的自拍。

10月2日，麦子发了一段和朋友在咖啡店撸猫的视频。

……

我不想再往下翻了，因为每一次麦子发的都与我无关。

她又与谁去吃火锅了，为什么没叫上我一起去，要知道曾经的火锅麦子只和我去吃。还有那个一起自拍的姑娘又是谁，为什么我一个都不认识了。

按下返回键，我看到与高中无话不说的麦子聊天已是三个月前，就连最后一句话都是自己收的尾。

我真诚地约麦子出来吃饭、逛街，对方口口回答着没问题，却迟迟不见敲定一个日子坐在一起吃顿饭。

后来我再试着和麦子聊天，她从最开始的表情包也渐渐衍变成"嗯"。

最终，我还是选择了关闭掉麦子的朋友圈。

很难过，一遍遍地问自己怎么就变成了这样，从什么时候开始没话可说，没空见面，然后就这样从彼此的生活中彻底消失了？

但难过之后，就释怀了。

原来人生这趟列车，有人上去就有人下来，谁也不能陪谁走完这全程。

你刚好陪我这一站，再往后，就不能陪了。

可曾经那些相互陪伴的时光啊，我会永远记在心底。

02

今年国庆假期，我参加了一个朋友的婚礼。

曾经我和她是无话不谈的好朋友，是那种晚上挤在一个被窝里睡，相互交换衣服的好。我们还互相约定，将来找男朋友一定要带给对方看，谁后结婚，就要给先结婚的当伴娘。

后来，大学毕业，我留在了北京，而她则去了深圳。

刚到那边的时候，我们几乎每天都会微信视频。

我们互相吐槽着各自上司的品位，生活开销之大，下班路上又买了什么小物件，看中了一件什么样的衣服……

那个时候的我，天真地以为我们的友谊不会被距离所改变。

相较于她而言，我是一个被动的人，但我能明显感到，她回复我的速度越来越慢，直至又一次早晨我才看到她回复的信息。

她向我解释自己最近接了一个项目，因为不想被老板看轻，她忙得不可开交，每天回到出租屋里就只剩下睡觉的力气。

后来，她跳槽换了新职位，变得更加忙碌。我和她从最开始的一天一个视频，到一个星期，一个月，最后长达小半年，我们都没有说话了。

我只能从朋友圈定位里看出她还在那个公司，她交了新朋友，周末发的四连拍里她和身旁的女孩嘟嘴大笑，就好像我和她曾经拍过的一样。

我更加沉默了，我不知道该以什么样的方式去向她发出第一句话。

再后来，她辞职了，去旅行了，恋爱了，分手了，又恋爱了，拍婚纱照了，结婚了。

而这些，都是我从她朋友圈得知的。

刷新看到的时候，心里会隐隐作痛，然后默默地点了赞。

是从什么时候开始，我们已经是连留个评论都怕太唐突的关系。

直到那次她向我发来结婚请柬。

依稀记得那天婚礼上，她幸福地笑着，巨大的镁光灯照耀下，她美得炫目。

身边的伴娘是陌生面孔，递戒指给她的时候，她给了伴娘一个大大的拥抱。

我又想起那个约定，以后我们一定是彼此的伴娘。

03

回顾我这短短的二十年。从上幼儿园到现在的大学，每一个阶段都有过那一两个要好的朋友。

是什么让我们之间渐渐没了交集，逐渐疏远的朋友我又该如何做出抉择。

这些问题，我不止一遍问过自己。

会难过，毕竟曾经是相互陪伴取暖的人。

我们曾经因为相同的三观就推心置腹。

后来你留学在外，我在二三线城市做着不起眼的工作。

你跳槽去了发展更好、更大的平台，重新认识了一群有趣的朋友，而我依然固守着原来的国企混吃等死。

直线相交后的我们，从刚开始的平行到越来越远。

我想我应该学会接受这样的事实了，我应该明白故事讲完了，再拼命地往里面添加素材，只会让故事失去原有的色彩。

没关系，你走吧。

我知道你还会不断遇到新的朋友，我也会重新拥有自己的朋友圈。

都知欢聚最难得，无奈别离多。

曾经共同的回忆，就一同埋藏心底好了。

04

龙应台曾经说过一段话：

人生，其实像一条从宽阔的平原走进森林的路。

在平原上同伴可以结伴而行，欢乐地前推后挤，相濡以沫。一旦进入森林，草丛和荆棘挡路，情形就变了，各人专心走各人的路，寻找各人的方向。

一路走来，哪会有不分开的朋友。

天下没有不散的宴席，别离总比欢聚多。

我们总会有不同的路需要探索。

淡了就是淡了，不必追悔，起码你来过，我们曾经快乐过。

远了就是远了，释然一笑就好啊，能够相互取暖走过一段路就足矣。

最后，很高兴你能来，也不遗憾你离开。

新的一年，我不想发财了

（加七/文）

01

年总是过得很快，好像又要开始干活了，我坐在电脑前面怎么也想不出自己假期做了什么，好像总是被别人推着做事情。到火车站的时候，我妈的电话也来了，她问我到了没。我回她："到了，你是不是去外婆家了？"我妈说："又乱讲，以后不能说外婆家，要说外公家。"

我老是会忘记，外婆已经走了的这件事情。

她是年三十前几天走的。那几天我妈和几个阿姨一直往外婆家跑，从白天陪到晚上。可能是今年的冬天太冷了，外婆想去暖一点儿的地方了。

记得那天我和爸爸去给妈妈送衣服回家的时候，我站在楼道里三楼的拐角等我爸走上来，他走得很慢，二楼的灯灭了才看见他从暗里走来，他抬头和我说："你知道吗？你外婆会死的。"我说知道。

我知道外婆会死，因为每个人都有死的一天。但因为这一次离开的偏偏是我身边的人，我贪心地想把那一天再延迟一些。

02

以前，我们学作文的时候，老师会把写得好的贴在教室后面的墙上，那是成绩好的人才能上墙的。我就上过一次墙，在那篇作文里我还记得有一段话。

"以前我总爱去外婆家玩，我喜欢躺在外婆的腿上听她讲故事，她的蒲扇一摇，家门口的树叶也会抖两抖。那时候我听话了外婆就奖励我两颗糖，不听话她就罚我只准拿一颗。"

上大学以后，有了微信，有了很多的公众号，我开始投稿。有时候投稿有门槛，要回答问题"请写一段你认为自己写过最好的话"，我就把这个写上去。

至今，我都觉得那段话写得很好。

03

因为外婆的离开，在上海的舅舅不得不提前回家，他本来是要正月初二回家的，因为今年他有了小女儿，春运的人太多了，他只能晚几天回家。

大年三十的前一天，他坐从上海到温州最早的动车，回到家了。

那时候外婆已经走了，我很难过，我难过为什么外婆没有再撑两天，我想说外婆再等两天就能看到舅舅的女儿了，她叫悦悦，你还没看过她。

我妈总说外婆是最疼舅舅的，小时候只有舅舅能吃肉，姐姐妹妹都是吃番薯的。外婆对舅舅也是最操心的，从他读书开始操心到他娶媳妇有小孩。今年，她最心疼的儿子有了完整的家，她却没有看到。

出殡的那天，有很多认识和不认识的亲戚来，我在人群里，看在最前面的舅舅，我很想问他，"你为什么不早点回家？"

04

《请回答1988》里面有一集是女主德善的奶奶去世了。

在老家的大人们特别忙碌，要招待很多亲戚朋友，德善问姐姐"姐姐，为什么奶奶去世了，爸爸却没有哭"，姐姐说不知道。后来，在美国开洗衣店的大伯回来了，他一进大门，兄弟姐妹就把他抱住了，他们问大伯，"你为什么才回来？"

这时的旁白说的是"大人们只是在忍，只是忙着大人们的事，只是在用故作坚强来承担年龄的重担，大人们，也会疼"。

是啊，我们的坚强总是在家人面前瞬间瓦解，在外面世界所受的伤害，在生活里留下的疤痕，最后还是要由家人去抚平。

但为什么好不容易到了能够安慰妈妈的年纪，好不容易长辈承认自己懂事了，却不早点回家了呢？不好意思开口说"谢谢妈，我爱你了呢"？

05

我也长成了一个大人，从读疼痛青春文学的年纪到了经历疼痛真实生活的年纪，生活真的比书里写的难过多了。

我们有时候会非常难过，非常落寞，或非常后悔，特别是在那些经历生离死别的时候。

我从来不敢去猜测人在生命的最后一刻想的是什么。朋友石头和我说他外公想的应该是一碗放了很多很多糖的粥，因为他得糖尿病的外公最喜欢吃的就是甜食，最不能吃的也是这个。

那我想外婆应该是想让舅舅回家的吧，毕竟她最喜欢的是舅舅，最不能常常看见的也是舅舅。

06

每次到新的一年，我们总是会许很多的愿望。在鞭炮响起、烟花炸开的时候，有人说唯有暴富，有人说分手快乐，还有人说明年你好。

以前我总是嘻嘻哈哈地和我妈说，想赚钱给她买房、买车、买化妆品。

现在我想的是祝爸妈健康平安。

大人们，在我们好不容易长大的时候，先别急着感慨时间飞逝，别急着回头找光阴里的白衣姑娘，也别急着宣言发家致富，有空了就先回个家吧。

愿你的任性和傲娇，有人无条件打包

（左耶/文）

01

前不久看到一条戳心的网易云音乐评论：一气之下就立刻摔门而走这种任性的行为，大概只有被爱的人才有资格这么做吧。

我外婆家养了一条黑色的土狗，平时就是吃剩饭。

不管春夏秋冬晚上睡觉锁在门外，没有人当它是一条宠物狗，也不会温柔地抚摸它，但是白天解开链子的时候，它没有一次逃离过。

我想它一定害怕离开了，也不会有任何人找它。

看完之后，觉得有点儿心塞。

没有了爱的人无节制的包容和体谅，哪敢摔门而出，不顾后果地离开？没有了爱的人无条件的庇护和忍让，哪敢小吵小闹之后又死皮赖脸地重归于好？

孤单的人都像极了那条狗，因为没有家里人竭尽全力的庇护和日积月累的温情，早已经学会乖乖地埋藏自己的任性和矫情。

一个人慢慢熬过所有的苦，走过所有的路，一个人吃饭，一个人逛街，一个人哭完之后继续睡觉。

那种类似于公主病的骄纵和无理取闹，都懂得在发作前掂量自己几斤几两。拥有足够的资格，才敢发发小脾气，闹闹小情绪。

02

小时候，也有过"离家出走"的经历。

准确来说，不算离家出走，只是与母亲赌气，大吵之后摔门而出，天生胆小的我当时不过是一时气极，躲在家附近的一间小破屋里。

估计那会儿也是在气头上，大晚上的一个人躲在那儿，竟没半分惧意。

过了半个钟头左右，爸妈见我还没回来，便焦急地四处叩门，询问我的下落。结果，邻里乡亲集体出动，一边嚷着我的名字，一边打着手电筒到处寻找。

小时候，脾气也挺倔，躲在门后，半天不出声，任他们喊得翻天覆地，我也佯装听不见。心想："谁让你动手打我的，我就不回去，急死你们。"

大概过了一个钟头才被奶奶找到，耐心也早被消磨，被领回家时心里没有一点儿怒气，反而欣喜中夹杂着怨言，嗔怪他们怎么到现在才找到我。

小时候不懂事，后来大了才知道那一次我无意的胡闹，把爸妈急得差点要报警。

再接着，经历了一些事，家里也有些变故，父母身体越发不如以前硬朗了。

好多事情，他们不和我说，我也不和他们说，总是一个人强撑着，还是像小时候一样的倔强，只是小时候总爱把坏情绪统统丢给家人，现在却越来越喜欢把泪水往肚子里咽。

有的时候，看到一些女生没来由地和家里人作，和男朋友作，挺羡慕她们的，但也从不会这样。

总觉得一个人长大了，还像小时候一样肆无忌惮地发脾气，她身边的人得承受多大的无奈和忍耐啊。

03

李克勤首次执导的 MV《一个都不能少》，每次看时都潸然泪下。

特别喜欢里面惠英红饰演的主角阿姨，感觉就像粥一样温暖的存在，眼角眉梢爬了点岁月痕迹的皱纹。

自带苦情效果的她有时让观众看着很心酸，一颦一笑都具有熟悉的烟火气，温柔而又暖心。

加之都是 TVB 的老戏骨，每张面孔都写满了故事，歌词和场景紧扣"人情味"的主题，让人看完鼻子一酸。

其中有两个镜头满满的人情味，尤为感人。

一幕是阿姨一个人坐在长椅上默默落泪，年迈的奶奶送来热腾腾的盒饭，打开一看是鸡蛋和香肠组合的笑脸；

一幕是阿姨的手机被地痞流氓摔坏，小饭馆的全体成员费尽心力地帮她恢复手机里的资料。随着镜头的切换，墙上贴满了照片，都是阿姨记录这里温情的点点滴滴。

都是陌生人，却一个都不能少。

如同歌词唱的："原来，有人扶我，有人拦我，也造就我，所有突破。当时如果，通行无阻，怎去铸造，今天的我。一起挡雨，各自渡河，路人熟人，同样有恩。少一位也不可。"

这种陌生人之间真切的情感，才让我们意识到自己的重要性和价值，才让我们在举目无亲时还能任性地温情一把。

人情味这种东西，若你相信，它总是存在的。

存在于早上七点的稀饭、油条、大饼里，存在于眉眼间一寸的蹙眉和舒缓里，存在于来自天脑海北的陌生人双手交握的37.5℃里。

04

接下来说的这个女孩，她真的活出了我们大部分人心目中最想要的模样。

她是我一个室友的朋友，这样说，或许并不准确，她更像她的家人，一个没有血缘关系的家人。

她是一个特立独行的女生，我第一次听她的故事，觉得她就是小说里女主的不二人选。

她泡夜店，喝酒打架，换男朋友的速度比换衣服还快，这样一个看起来一点都不乖的女生却一如既往地追求自己喜欢的东西。

她热爱设计，为了这个梦想，她拼命争取去米兰留学的机会，结果也成功申请到了万里挑一的出国留学资格。

在室友的印象中，她硬气独立，可父母离异，自小缺少家庭关爱却是她心里一触即破的软肋。她的父母每个月都会给她大把零花钱，但她总是傲气地挣自己的钱，花自己的钱。

她年少就自己一个人住在空荡荡的大房子里，自小缺少双亲关爱的她呈现出与同龄孩子不相符的成熟稳重。

一开始我羡慕她开了挂的人生，可后来却心疼她。

她活得恣意张扬，看似无所畏惧，心里却落下无法弥补的阴影。

我室友说："我们关系特别铁，可每次她父母来见她的时候，我感觉她特别陌生。

她父母每次来看她没有什么寒暄的话，更别说关心了，有的只是冷冰冰的协议和各种各样的银行卡。"

她活得很精彩，喜欢的总会毫无顾忌地拼命去追，可她活得也很艰辛，没有人在背后搭好稳固的屏障，她所有的事都得自己扛，所有的情绪都得自己慢慢耗。

没有了心疼的人的包容和忍让，一个人无理取闹的独角戏总归显得寥落、寡淡了些。

05

《大话西游》结尾处有一幕场景，在大漠城楼上，落日之下，夕阳武士和转世紫霞拥吻在一起。紫霞看着茫然若失逐渐远去的齐天大圣，心中似有疑惑，问："那个人样子好怪啊。"

夕阳武士看了，玩世不恭地笑了笑，说："我也看到了，他好像条狗啊。"

有些无奈，有些悲凉。

像狗就像狗吧，只愿你成为一条有人宠爱的狗。

即使你是混在人群中最平庸的人，我还是一眼就能认出你，只为你一人踱上金身。

你依旧是我心上朱砂痣、床前明月光，是满屋繁花流火的渺渺清音，是每次暗无天日之后云白风轻的疏淡有致，是我藏了几百年几百年的酒，是我重峦叠嶂间那一点最艳的红。

这个城市的风很大，孤单的人总是晚回家。

幸运的是有你，整座城市的风和雨也变得温柔而撩人。

愿你的任性和傲娇，有人无条件打包。

讨论兼职的时候，我们究竟在讨论什么

（小黄瓜／文）

01

最近刚开学，想写一篇关于兼职的文章。

我们先把这件事上升到更高的层次。

我觉得，一个人有一个人的路，无所谓如何去定义一件事的好坏。

从对于兼职的态度，其实反映了每个人的人生方向。

认为兼职不值的人，大多数是希望大学四年好好学习，考研考证，提升自我价值，以谋求更好的工作。

那些去做兼职的，抛开能赚钱不论，也有不少人认为兼职可以增长一个人的社会阅历。

其实根本的矛盾点是什么呢？是在于时间是否富余的问题。

为什么大家都在讨论读大学的时候兼职是否值得，而不是放假的时候做兼职是否值得，就是因为放假时拥有充足的空闲时间，你爱做什么没人理你。

所以说，这个问题根本就没有争论性。

02

我们抛开那些做兼职绩点还三点几的神仙不提，我们来聊聊普通人。

就如我之前所说，致力于提升自我价值的人，他们忙着复习，忙着去参加各种活动，忙着学习各种技能，在他们看来，浪费时间去干一个小时十块钱的兼职，简直是不可理喻，自我堕落。

而那些乐于去做兼职的人，其实大部分都并不是那么侧重学习，因此空闲时间相对就会更多。他们往往更偏向于社会性更强的工作，他们在兼职的过程中，体会到了自己亲手赚钱的快感，同时也获取了一定的社会经验。

你想进外企，你把时间用来去学英语。我想以后出来开个店，我去做做兼职积累点经验。你能说哪种做法错了吗？谁都没错啊。

03

我们再来谈谈兼职的得失问题。

我从小对社会性的东西接触得比较多一点，对兼职这个东西看得也比较理性，所以我特别不赞成那些"不敢想象那些做兼职的人未来会是怎么样"的言论。

高考完，我考完驾照第一件事，就是到处折腾，想办法弄点钱。

高考完那个暑假，我去做家教，一个月赚了五千来块钱。然后倒腾iPhone，卖卖衣服，赚了差不多四千元左右。高考完那个暑假，我一个月弄了差不多将近一万块钱。

我认识好几个朋友，都在卖衣服鞋子，一个月应该能来个 2000 到 5000

元不等。做得大的那个，现在在苏州读书，认识很多工厂和老板，一个月能赚一万。

你还会说兼职没有意义吗？你所认为的没有意义，只不过是你觉得一个小时十块钱太少罢了。

你别说什么以后我出来一个月两三万这种话逗我笑了，顶尖的人毕竟是少数，等你月入两三万，我女朋友都有了。

04

再从另一个角度谈，我从小就是不爱读书的，只想着赶紧出来混，不能饿死就好。所以我到现在，接触过很多兼职，我去奶茶店打过工，在幼儿园带过小孩，跑马路发过传单，骑车送过外卖，写稿子赚过烟钱。

其实很多时候，兼职能带给你的不仅仅是金钱。

举个例子，我送外卖的时候，和老板混熟了，知道了很多平时根本不会了解到的东西。比如我在送外卖的时候看到了我喜欢的女孩子的电话。

开个玩笑，在送外卖之前，我根本不敢想象，一个专门送外卖的店一个月能赚一两万。而且在这个过程中，我了解到了整个外卖行业的运转机制，也对这个行业有了新的看法。

再例如我去苏州的青旅打工的时候，每天没事就和别的旅客闲聊，知道了很多像是 2008 年奥运会带动了投影媒体行业的发展，开一间餐厅需要从哪里寻找厨师以及房租装修投入等杂七杂八的东西。从另一个方面看，通过这些兼职，令我对以后的职业方向，变得越来越明确。

用一句小学生写作文时经常会用到的话来说就是，我学到了很多课本上学不到的东西。

所以我们讨论做兼职值不值得的时候，我们究竟在讨论的是什么？

是回报。

当回报足够，那么这个兼职，就会变得更有意义。

所以我推荐做兼职。

05

但我推荐做更有意义的兼职。

发传单、送外卖之类的兼职还是不要做了，累，薪酬底，还学不到东西。我更推荐的是去商场做推销员或者是家教之类的兼职，前者这类兼职是练就你的厚脸皮，后者则是来钱快，一节课两个小时就能赚100多块钱。

还是那句话，每个人有每个人的路，别人的路，不一定适合你走。所以无论是赞同兼职还是反对兼职，都自然有他的道理存在，万事不要太偏激。

你点的赞，我都认真当成了喜欢

这么多年，我还是习惯一个人吃饭

(左耶/文)

01

记得上小学时，总是爱和闺蜜黏在一起，去上厕所都是手拉着手进进出出，去食堂吃饭也要一前一后地排队。后来有一天，闺蜜拉着一个新朋友坐在我们经常坐的位子上，还笑嘻嘻地向我介绍着。当时，我挤出笑脸礼貌地笑了一下，又低着头扒拉碗里的饭。

那一段时间，闺蜜无论去哪儿，都要拉上新朋友小七，我和闺蜜之间也出现了一些不悦。我也想过是不是自己太斤斤计较了，太小气了。可是每次看到闺蜜和小七手拉手把我远远丢在后面时，当时还算稚嫩的我胸口就莫名堵了起来。失落感油然而生。

后来明白了每个人都是独立的个体。谁也不是谁的附属品，对方有权选择自己的朋友，我们无权干涉。可是那个时候，一个小女孩小心翼翼地维持一段友情，动不动会因为第三方的出现而"吃醋"、失落的心理也是十足珍贵，十足可爱的吧。

现在大了，我和闺蜜去了不同的城市读大学。每年见面的机会很少，更别提在一起约饭了。我们旁边坐着一块吃饭的朋友越来越多，换了一批又一批，但是小时候那种斤斤计较的小心思早就消失得无影无踪了。

02

蒋方舟在初到东京时写道："六本木满街都是好吃的，我却始终没有进一家店，还是在超市买了一个饭团和一杯牛奶回住处吃。我还是无法克服一个人吃饭的羞涩。"

如今，经常一个人去吃饭，一个人去图书馆，一个人去逛超市，以前那个去哪都要和朋友黏在一起的女生，现在倒也觉得一个人做事并不那么糟糕。觉得成熟是一件很奇怪的事，认识的人越来越多，反而更喜欢独自一人这种状态。生活中占据分量的事就那几件，不喜欢就大步走开，越来越在乎心里真实的想法。

记得刚开始试着习惯独自一人的状态时，心里总是上演了八百场大战。明明说好要好好吃一顿黄焖鸡米饭，可是远远地在店外看到三三两两结伴吃饭的人们，又立马打消了这个念头，随便买了份路边摊的小吃。

直到现在，那个羞涩的小姑娘也可以旁若无人地独自在店里大口吃饭了。

03

上学期参加了一个聚会，作为一个教育机构的宣传小组，由于业务第一，老师决定请客犒劳我们。聚会上，除了组长和我一起合作的另一位女生外，我并不认识其他人。老师还没到场，大家彼此都低着头玩着手机，组长为了缓和气氛，不停地找话聊天。其他同学出于礼貌，也都随声附和。

过了一会儿，老师到场，大家开始动筷，组长询问我关于买相机的事，我就回道："只是出去旅游拍拍东西，买个二手相机就足够了。"旁边的老师突然夸了一句："果然是学传媒的，是专业的建议。"

我讪讪地笑了一下，只觉得尴尬，真想尽快结束这场聚会。

后来，我很少参加这种聚会了，觉得并不舒服，并不喜欢，倒不如一个人吃饭来得自在畅快。

记得曾经看过一句话："当代人为了谋求社交的简捷有效，必须让自己显得容易相处，从而丢失了一部分真诚。但你知道你未必有戏剧里的假惺惺，究其原因，只是表达得过于仓促。"

并不是不能理解组长和老师想要缓和气氛的心情，但是比起花尽心思去完成一次社交聚会，我更愿意一个人享受一次冷清的饭。真要碰到那种对胃的饭友，觥筹交错，开瓶撸串，酣畅淋漓，也是人生一大乐事。

04

总觉得吃饭是一件隆重的事，要和对胃的人在一起才更有兴致。有的人酸辣不沾，有的人斯文安静，在一起吃饭总少了些风风火火的乐趣。

比如我爱吃甜食，饭后总喜欢搞点甜点，吃撑了也觉得开心。要是碰到那种不爱吃甜食，又在旁边叽叽歪歪说你胃口真大，吃饭搭配真奇怪之类的，也颇为扫兴。

我不喜加葱蒜和香菜，你偏偏钟爱放两三勺；我不喜早饭吃油腻腻的食物，你唯独要油条大饼和豆浆；我不喜吃海鲜油炸，你每餐都少不了鱼肉荤食。

私以为三观不一致的人在一起还好说，胃口饮食大相径庭的更难相处。

《喜欢你》里面的男女主角明明是一对一见面就爆炸的欢喜冤家，可是在吃上面还是惺惺相惜。男主金城武一开始是拒绝女主的："吃饭是一件很私密的事。"可是越到后面，遇见了对胃口的人，你就成了我的一日三餐。

"人生在世，饭友难觅。惜缘已是难得，求分过于奢侈。"没碰到合适的饭友，一个人可以狼吞虎咽不顾形象地开吃，一个人也可以细细品尝呆坐一两个小时。

05

前几天在考研交流会上认识了一个考研成功的学姐。她就坦言自己从大一到大三一直是一个人，不喜欢结伴而行，总是一个人去吃饭，一个去上课，一个去图书馆自习。考研那段难熬的日子，也是一个人默默扛了过来，结束了倒并不觉得有什么。听她说完，觉得是个很酷的人啊。也不是刻意去标榜特立独行，有的人喜欢闹闹腾腾、成群结队地聚会，而有的人就喜欢安安静静、独自一人吃饭。

很欣赏学姐这种不冷不热的态度。看起来很中规中矩却有自己的原则，并不会因为一个人去完成某些事而有所顾忌，她是真的找到了适合自己的最佳状态并保持了不长不短的四年。

学姐放假的时候也喜欢和老朋友约饭，经常去以前最喜欢的店里大吃一顿，彼此之间不会寒暄过多，不说太多话也并不显得尴尬。

不管怎么说，独自一人也好，三两好友也罢，吃饭这么重要的事，还是要好好完成啊。

你点的赞，我都认真当成了喜欢